ディスクロージャーへ、宇宙維新がはじまる！

あの『X-ファイル』の主人公と語る最高機密ファイル

Vol.2

元ＦＢＩ特別捜査官
ジョン・デソーザ
John DeSouza

×

高野誠鮮
Johsen Takano

VOICE

はじめに

はじめまして。

高野誠鮮（じょうせん）と申します。

この本は、『真実はここにある！　あの「X-ファイル」の主人公が語る最高機密ファイルＶｏｌ・１』（ヴォイス刊）に続く、元ＦＢＩ特別捜査官ジョン・デソーザさんとの対談本のシリーズ第２作目になります。

まずはここで、今回の本において、ジョンさんの対談相手である私自身のことをご紹介しておきましょう。

私は元地方公務員であり、かつ、日蓮宗の僧侶です。

また、現職として総務省の「地域力創造アドバイザー」であると同時に、私立大学の客員教授でもあり、さらには、日本のＣＩＡと呼ばれている「内閣官房内閣情報調査室」の委員を短期間ながら務めていたこともあるという、ユニークな経歴を持っています。

今回の本では、前回の本に比べて、特にＵＦＯ関連の情報について詳しく扱っていますが、少し変わった経歴の私が、とりわけＵＦＯに強い関心を持っているのは、過去にテレビのＵＦＯ番組の制作にも携わっていた、という経験があるからです。

興味があることには徹底的にのめり込む私が、ＵＦＯ問題に関心を抱くようになったのは、故・森脇十九男氏の影響が大きいと言えるでしょう。

森脇さんは、「地球外生命体との友好的交流の促進、そして、主要各国政府上層部のみが知り得るＵＦＯ機密情報の開示」を政策に掲げて、１９８２年に「日本ＵＦＯ党（正式名称は「開星論」のＵＦＯ党）」という政党を興した人です。

今から約40年も前に、ＵＦＯや地球外生命体についてのことを大真面目に国政の面から取り組もうとされた森脇さんの姿勢には、大いに影響を受けました。

また、元国連本部広報担当官であり、「国連UFO計画」の草案作成にも携わっていた故・コールマン・フォン・ケビュッキー大佐との出会いも大きかったと言えるでしょう。

ケビュッキー大佐とのエピソードなどについては、本書でも詳しくご説明しています。

さて、すでにご存じのように、今回、かつて大ヒットした海外ドラマ『Xファイル』の主人公、FBIのモルダー捜査官のモデルでもあったジョン・デソーザさんとの対談のお話が持ち上がった際に、いくつかの思いが去来しました。

それは、「自分が知りえるUFO情報を、どこまでお話しできるかどうか」ということについて戸惑いを覚えたからです。

というのも、日本においては、公務員は退職後であっても機密保持のための守秘義務が課せられています。

そこで自分としては、まだ公開されていない極秘情報をそんなに簡単に漏洩できる立場ではない、と思ったからです。

また、これまで私は、付き合いのあった元ＣＩＡの職員やＮＳＡ関係者など、諜報機関に関わってきた人々から得た極秘情報も多いと自負しています。

そこで、元ＦＢＩの捜査官であるジョンさんよりも、私の方が意外にもＵＦＯ情報に関しては詳しいのではないか、というよりどころない淡い自信があったのも確かです。

それでも、対話を進めていくうちに、それぞれお互いの違う立場からの意見交換は楽しく、このご時世ならではのＵＦＯ以外のテーマについても会話に花が咲き、非常に有意義な対談になりました。

さて、ＵＦＯ問題を語る中で、ジョンさんの口から必ず出てくるのが「カバール（別名ディープ・ステート、グローバリストなど）」という存在です。

このカバールという存在の起源については、本書でも詳しく触れていますが、私なりの解釈もあるので、ここで少し触れておきたいと思います。

それは、「カバールはハザール帝国が起源ではないか」、という考え方です。

ハザール帝国とは、6世紀頃から黒海・カスピ海の北部〜クリミア半島までを治めていた国ですが、この国の国教はユダヤ教であり、地理的にもイスラム教の勢力と戦い続けながらも、キリスト教圏を守ったとされている謎の帝国です。

ジョンさんが言うところの「カバール（Cabal）」は、この「ハザール（Khazar）」帝国の末裔のユダヤ教徒なのではないかと思うのです。

興味深いことに、このハザール帝国の末裔のユダヤ教には、神秘主義を信じるという教えがありますが、その他に、「自分たちは全人類の王として君臨し、その他の民族は民である」という思想が根底に流れているのです。

ちなみに、〝民〟という文字の原義は、「目を矢で射貫いて盲目にさせる」という意味があるそうですが、要するに、「王として君臨するためには、他民族は盲目であってほしい」のです。

その考え方こそ、まさに「自分たち以外の一般の民たちには、盲目であってほしい」、というカバールの思想に通じるものではないか、と思ったのです。

今回の対話の中には、陰謀論の世界ではお約束のテーマ、あの9・11にも話題が及びました。

この私自身も、9・11に関しては、リアルタイムでライブ映像を見ていましたが、あの「ワールドトレードセンター」と隣接した「第7ビル（ソロモンブラザーズ・ビル）」の倒壊の不自然さは、今でも鮮明に覚えています。

実は、マルコム・ハワードという退役CIAエージェントだった人がニュージャージー州の病院にて臨終の間際に、「9・11においては、3番目に倒壊し

はじめに

John DeSouza × Johsen Takano

た第7ビルの制御解体に自ら関わった」という驚くべき告白があるのも事実です。

こういった情報からも、世間では「陰謀論」と片付けられている事柄の中にも、まぎれもない本当の真実が潜んでいるのです。

まさに、「真実はそこにある（The truth is out there)」と言えるでしょう。

他にも、今回の対話の中では、「核兵器を嘉手納基地から目的地まで輸送中に、UFOに輸送を邪魔された」などという過激的な内容も含まれています。

今回、皆さんにお届けするUFO関連の情報には、このような、まだまだ一般の人が知り得ない情報も多いので、ぜひ、楽しみながら私とジョンさんの対話を読み進めていただきたいと思います。

そして、読者の皆さんがご自身の目と感覚で、歴史の中で埋もれてきた真実の情報の数々を自分なりに見極めていただければ幸いです。

高野誠鮮

CONTENTS

ナチスドイツはUFOを兵器として使っていた

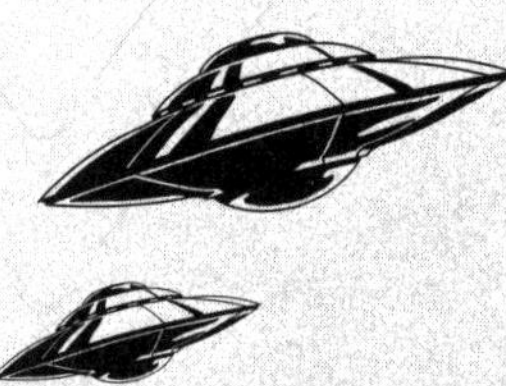

そのUFOは本物？それとも地球製？

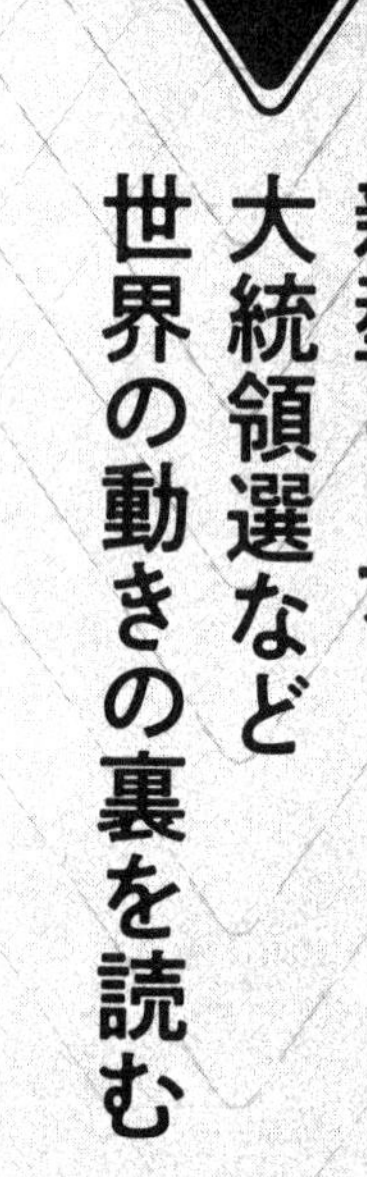

Chapter 3

新型コロナ、大統領選など世界の動きの裏を読む

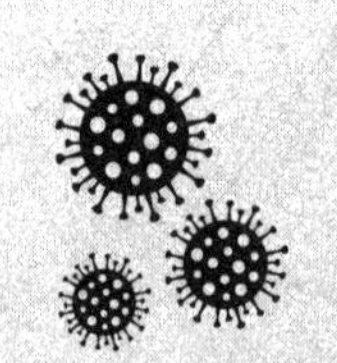

Chapter 4

日本はどこまでUFO事情を把握している?

Chapter 5

ディスクロージャーを迎えるとき、日本が世界のモデルになる!?

Chapter 6

未来の宇宙時代に向けて、地球人として必要なこと

Chapter 1

ナチスドイツはUFOを兵器として使っていた

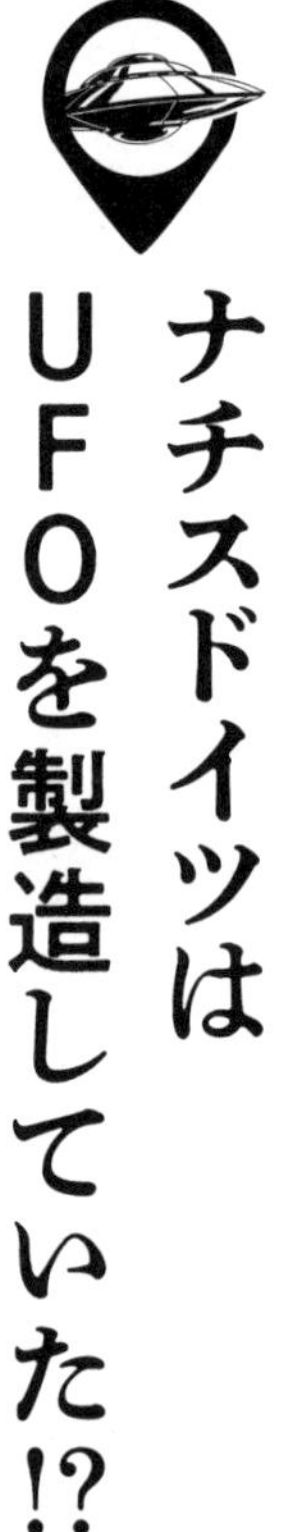

ナチスドイツはUFOを製造していた!?

高野　はじめまして。今日はお会いするのを楽しみにしていました。

ジョン　はじめまして。こちらこそ、今日はどうぞよろしくお願いいたします。

高野　はじめに、私自身の自己紹介からはじめたいと思います。まずは、そもそも私がなぜＵＦＯ関係の情報に興味を持つようになったのか、といういきさつから少し詳しくお話しさせていただきます。私はもともと公務員でしたが、公務員になる以前には、ＵＦＯのＴＶ番組の制作に関わる仕事をしていました。そんなことから、ＵＦＯ問題に深く関わるようになったのですが、特に、私に多くの情報・知識を与えてくれたのが、元国連担当官の故・コールマン・フォン・ケビュッツキー大佐（元オーストリア＝ハンガリー帝国海軍の情報将校で共産党に敗北後、アメリカに亡命）という方です。彼はアメリカに亡命後は国連本部広報担当官として、当時の国連事務総長であったウ・タント氏の下で「国連UFO計画」の草案作成を行っていたUFO問題にも造詣の深い方です。

私は、そんな彼と20代になったばかりの1976年頃から手紙でやり取りをするようになり、1998年に彼がお亡くなりになるまで、長いお付き合いが続きました。たとえば、私も何度か渡米して、彼と一緒に世界各国へUFO問題を探求する旅に出かけることもたびたびありました。また、過去に石川県の羽咋市で開催した「宇宙とUFO国際会議」のイベントにも、ゲストスピーカーの1人としてお招きしたこともあります。彼は、私にとってはUFO問題の師匠という存在だけではなく、「Dad（親父）」と呼ぶほどの存在で、私を息子のように可愛がってくださいました。また、彼の貴重な人脈である軍事関係者や諜報機関の関係者なども惜しみなく紹介していただいていたような恩人です。私が彼から教わったのは、情報収集の方法と構造的な分析の仕方など、そして、何よりも情報の発信源である「その人物に直接コンタクトする」という考え方です。こんな感じで、彼からはＵＦＯ問題の本質をずいぶんと鍛えられてきたのです。

ジョン　お若い頃から、かなり本格的にＵＦＯ問題に取り組んでこられたようですね。今日は、とても深いお話ができそうで楽しみです（笑）。

高野　こちらこそです（笑）。それでは早速、最初の質問からよろしいでしょうか。最初からディープな質問になるかもしれませんが、第二次大戦後にアメリカが「ペーパークリップ作戦」と呼ぶ、ドイツの優秀な科学者たちをアメリカに連れて来るというプロジェクトがありましたね。その中には、ドイツ人のロケット工学者である*ヘルマン・オーベルト博士や彼の弟子のフォン・ブラウン博士などが含まれていましたが、彼らはＵＦＯを製造していたことで知られています。ＦＢＩとしては、ナチスの動きをずっと追ってこられたのではないかと思いますが、ナチスがどの程度UFOを自分たちで作っていたか、などということは調べていましたか？

ジョン　たとえば、第二次世界大戦時には、ナチスドイツは哨戒爆撃機からUFO写真を撮影していますす。そしてその写真を見たヒトラーが、「これ（UFOのように見える飛行体）は、連合国側の秘密兵器に違いないので同じものを作れ！」と命令して、ドイツのロケット工学者であるヘルマン・オーベルト博士らを招集して、自分たちでもUFOを作る作業にあたらせた、などという話も残っています。

はい、そうですね。まず、FBIとしては、ナチスが行っていた作戦に関しては、そのほとんどを追いかけてきたと自負しています。けれどもFBIの場合、ある1つの案件があるとするならば、それについては1つの側面からだけでなく、別の側面からも確認しながら検証を行うことになっています。その上で、ご質問についての回答ですが、まず、ナチスが実際にUFOを作成していたかどうか、というのは不明です。ただし、彼らがすでに実際にＵＦＯを活用していた、という事実はＦＢＩだけでなく、アメリカ政府が把握していることです。

高野　そうなのですね。どのような形で使っていたのですか？

＊ヘルマン・オーベルト博士（写真右・
左はヴェルナー・フォン・ブラウン博士）

ロケット工学者のヘルマン・オーベルト博士は、ナチスドイツにおいて「V2型ロケット」を開発したことでも知られている人。彼は、第二次世界大戦後に科学者として、「円盤搭乗者」＝「ウラニデス」という意味の造語を用いて、地球以外における高度な生命体が未知の飛行体をコントロールしていることに初めて言及した人でもあり、ヒトラーが目指した「円盤製造」を暗に世に知らしめた科学者でもあった。

FBIには1つのケースに2つの見解が存在する

ジョン　たとえば、アメリカ海軍が行った「*ハイジャンプ作戦」はご存じですよね。これは、第二次大戦後の１９４６年から47年にかけて、海軍が「南極観測プロジェクト」と称して行った大規模な調査です。実は、アメリカ軍は１９４２年に南極にナチスが基地を作っていたのをすでに知っていました。そこで海軍は、トルーマン政権時代にリチャード・バード提督の指揮で軍艦隊を引き連れて南極に向かったのです。けれども結局、アメリカ海軍の艦隊はＵＦＯに襲われて破壊され、惨敗に終わってしまいました。この時、アメリカ軍への襲撃に使われたのが、ナチス側の所有していたＵＦＯだったと思われます。

＊ハイジャンプ作戦（Operation Highjump）
表向きには、１９４６年から47年にかけてアメリカ海軍が行った大規模な南極観測プロジェクトだったが、実際には、ナチスやドイツの秘密結社の基地を探して破壊することが目的だったといわれている。人員規模は４７００人、13隻の艦船と多数の航空機により支援されていたが、ドイツ側はダイレクトレーザー兵器や、高速の宇宙船などを備えていたことからアメリカ側は不利になる。

高野　なるほど。すでにナチス側は、この頃にＵＦＯを最先端の武器として活用していたのですね。ところで、ＦＢＩはアルゼンチンのことをよく調べていると思うのですが、いかがでしょうか？

ジョン　はい。基本的にＦＢＩは、アルゼンチンだけではなく、すべての国のことを調べています。ただし、特にアルゼンチンに関しては、ヒトラーが他のナチの将校たちと共にアルゼンチンに落ち延びた、という情報がありましたので、他国に比べてより詳しく調べていたかもしれません。

高野　そうなのですね。ちなみに、私はＦＢＩの公開する資料を拝見することも多いのですが、ＦＢＩの公開するレポートには結論がないものが多いですね。ＦＢＩとしては、最終的に各ケースについて結論までを導くことはあまりないのでしょうか？

ジョン　それは、ヒトラーがアルゼンチンに逃げたことに関して、それが本当だったか否か、という結論についてですか？

高野　はい、それも含めてです。他にも、先ほどの質問の「ナチスがＵＦＯを製造していたかどうか」という件についてなどもですね。というのも、当時のアメリカでは「ＵＦＯは、日本軍が製造したのではないか」、という意見もあったようです。このようなことについて、ＦＢＩの方では何か結論を出しているのかな、と思ったのですが、いかがでしょうか？

ジョン　なるほど、そういうことですね。まず、「日本軍がＵＦＯを製造していたのではないか」という件に関しては、私はそのような情報は知りません。そして、ＦＢＩの結論の出し方ですが、最初にまずそのケースを担当した捜査官が個人レベルで結論を出します。たとえば、先ほどのヒトラーの逃亡のケースなら、「ヒトラーが彼の奥さんのエヴァ・ブラウンと一緒にアルゼンチンに逃げた」という情報をある捜査官が得たとすると、それを裏づける証拠と共に、その捜査官は報告書を本部に提出するわけです。

でも、本部の方では、その報告書の内容を受け入れない、または、合意しない場合もあるわけです。そういうわけで、最終的にＦＢＩとしては、「ヒトラーはアルゼンチンに逃亡した」という捜査官の報告書があれば、一方で、本部側の「ヒトラーがアルゼンチンに逃亡したという情報は正しいものではない」という２つの結論が存在するわけです。

高野　なるほど。大きな組織ならではの見解になってしまうのですね。

ジョン　そうなのです。また、ナチスがＵＦＯを製造していたかどうか、という問題に関しては、彼らは自分たちでＵＦＯを作ろうとしたかもしれないし、実際に作成を試みて、ある程度の精度のものは完成したのかもしれません。けれども、ハイジャンプ作戦でバード提督率いるアメリカ海軍の艦隊を破壊したのは、地球製のＵＦＯではなかったと信じています。その際に使用されたのは、まぎれもなく本物のＵＦＯだったと思われます。

というのも、彼らが使ったＵＦＯからは、「死の光線（Death Ray）」と呼ばれるほどの想像を絶するような高レベルのテクノロジーが使われており、これによって、アメリカ側の艦船が一網打尽に滅ぼされたからです。これは、地球外のエイリアンたちが何らかの理由で、ナチスに協力をしていたからだと思われます。この頃は、エイリアンとナチスの間には、このような協力体制があったと思われますね。ただし、第二次世界大戦でドイツが連合国側に負けた途端に、エイリアン側は突然態度を翻して、ナチスに協力をしなくなったようですね。

「ロズウェル事件」以降、秘密裏で進んでいたUFO研究

高野　そうなんですか！　それは、面白いですね。ちなみに、アメリカが1961年からはじめたアポロ計画を成功させた陰には、ドイツからアメリカに渡ったロケット工学者のフォン・ブラウン博士の貢献が大きいといわれています。その

彼が、1947年に起きた「ロズウェル事件」で墜落したUFOの残骸からUFOの推進原理の調査に加わったという情報がありますが、FBIはそのあたりの情報を掴(つか)んでいますか？

ジョン　はい。ドイツからアメリカにペーパークリップ作戦の一環でやって来たフォン・ブラウン博士についてはよく知っていますよ。彼は宇宙開発の研究に携わり、NASAの「マーシャル宇宙飛行センター」の初代所長を務め、アメリカにおける科学の発展に大きく寄与した人ですからね。ただし、フォン・ブラウン博士がロズウェル事件に関わっていたかどうかは、個人的にはわからないですね。

高野　そうですか。実は、フォン・ブラウン博士に関しては、こんなエピソードがあります。彼がアラバマ州のレッドストーン基地にいた時の話です。その基地は、第二次世界大戦時にはアメリカ陸軍の化学兵器の製造をしたり、戦後にはミサイルやロケット砲の研究開発をしたりしていたことで知られる場所です。

ある人がこの基地にあったフォン・ブラウン博士の実験室で、「円筒形のガラスケースの水槽の中に、背丈が1メートルくらいある、変わった生き物が浸されているのを見た」、と証言しています。後に、その生き物は「猿だった」と言われました。

つまりそれは、「ロケットに搭載させる実験用のチンパンジー」であったとのことなのですが、「全身の毛を剃られた状態の実験用チンパンジー」という内容には矛盾があります。普通なら猿だとは想像しがたいですよね。実際に、私はその研究所の跡地に行ったことがあり、当時のスタッフにも話を聞いたことがありますが、その生き物が猿だった、という説は信じてはいません。フォン・ブラウン博士がUFOの推進システムやエイリアンの遺体の調査・研究に関わっていた件について、ジョンさんの方では何かご存じではないですか？　FBIはこの件は把握されていましたか？

ジョン　まず、フォン・ブラウン博士がUFOのロケットエンジンの推進システムの研究などに関わっていたか、という話については、私自身は聞いたことはありません。というのも、当時のアメリカ側はすでにナチスから得ていたロケット技術の知識で十分だったはずなので、必要なかったのではないかと思います。また、彼の所属していたNASAが使用していたロケットの推進システムは、UFOに搭載されているような高度な洗練された技術ではありませんでした。

ただし、当然ですが、彼はエイリアンの遺体にはアクセスできていたはずです。1947年のロズウェル事件では、リサーチ対象になる多くの情報が出てきたので、各分野のかなりの数の政府高官たちがこの件には携わりましたから。フォン・ブラウン博士もその1人として、エイリアンの遺体にアクセスできたでしょう。何しろ、彼はNASAのトップでしたからね。

高野　そうでしょうね。あと、当時、ロズウェル事件に深く関わっていた人として、原子爆弾開発を推進した「マンハッタン計画」に参加していたヴァニーヴァー・ブッシュという博士がいますね。ブッシュ博士は、墜落したUFOの残骸やエイリアンの遺体、エンジンの推進原理などの問題を解明するのにあたるチームの責任者でした。彼について、何か公にされていない情報についてご存じではないですか？

ジョン　すみません。ヴァニーヴァー・ブッシュ博士のことは存じ上げません。ただし、私が言えるのは、当時のＮＡＳＡの宇宙計画には既存のサイエンスの技術のみが用いられていて、地球外のエイリアンからもたらされるような反重力などの高度なテクノロジーは使われていない、ということです。

アメリカのＵＦＯ史に残る「ワシントンＵＦＯ乱舞事件」と「ロサンゼルスの戦い」

高野　わかりました。ちなみに、当時のアメリカ軍の関係の記録などを見てみると、「UFOを目撃したら、どのような手段でもいいから、一機でもいいから、とにかく撃墜しろ」という命令が出されていますね。

ジョン　はい。きっとそれは、1952年にワシントンD.C.の上空にUFOの集団が現れた時に下された命令ですね。しかし、命じるのは簡単ですが実行するのは難しいというものです。実はこの時、D.C.の上空にUFOの大編隊が14日間も滞在したのです。それも、D.C.でも最も重要なエリアでもあるリンカーン記念堂の上空あたりに現れたのです。この時は、国内の全空軍の部隊が出動してUFOの軍団を撃墜しようとしたのですが、まったく歯が立たず、アメリカ軍は屈辱的な思いをさせられたのです。UFOたちは、空軍の機体の周囲をわざとぐるぐると旋回したり、突然上下する動きを見せたり、現れたと思ったら一瞬で消えたりして、空軍を惑わせ、混乱させただけで終わってしまいました。

この一件は、当時この調査を命じられたのが空軍のロバーツ将軍だったので、「ロバーツコミッションレポート」という資料に詳細が書かれています。後にこの事件は、「*ワシントンUFO乱舞事件」として、他の国々にも知られることになりました。私の知る限り、空軍が総動員されて全部隊が出動したのは、この1952年の事件だけですね。普段なら何かが起きたとしても、ジェット機が1、2機、出動するくらいですからね。

＊ワシントンUFO乱舞事件

1952年7月にアメリカの首都ワシントンD.C.及びその周辺地域で起きたUFO騒動。全空軍が出動するも、UFOの編隊の自由自在な動きには太刀打ちできなかった。

高野　この事件は有名ですよね。これは、米軍側が高射砲を1千発以上発射しても1機のUFOにも当たらなかった、という事件でしたよね。

ジョン　それは、D.C.の事件の10年前の1942年にLAで起きた「ロサンゼルスの戦い（Battle of Los Angeles）」という一件ではないでしょうか。1942年2月、第二次世界大戦中のロサンゼルス上空にUFOの編隊が突如出現しました。そこで、空軍が対空砲火を行うことで対抗したのですが撃墜は失敗に終わった、という事件です。この事件は、当初は日本の仕業ではないかといわれていましたね。というのも、日本軍がカリフォルニア沿岸を襲ってきたのでは、と思われていたからです。

高野　そうですね。1941年12月が「真珠湾攻撃」だったので、そこから、わずか3か月後の出来事だったので、アメリカ側は日本の真珠湾攻撃の再来だと思ってしまったんですよね。

ジョン　そうなのです。この時、空軍は高射砲やさまざまな手段を使ってＵＦＯの編隊を撃墜しようとしましたが、まったく太刀打ちできませんでした。たとえ、高射砲がＵＦＯに当たったとしても、ＵＦＯが一瞬で透明になって消えたり、また、高射砲がＵＦＯをすり抜けてしまう、というようなありさまでしたから。あげくの果てには、空軍は結果的に味方同士を襲撃するような事態になってしまい、空軍側に数人の犠牲者も出てしまいました。一方で、ＵＦＯ軍団の方はかすり傷のひとつも受けずに、そのまま消え去ってしまいました。これこそが、人類が想像を絶するようなＥＴテクノロジーをまざまざと見せつけられた、という一件だったのです。

高野　この事件では、アメリカ全土がパニックになったようですね。この時のことは、その後、映画にもなっているので有名ですね。それにしても、今から約80年も前に、すでに人類とＵＦＯの間でこのような大事件があった、というところにもまた、何か意味があるのではないかと思います。

Chapter
2
その UFO は本物?
それとも地球製?

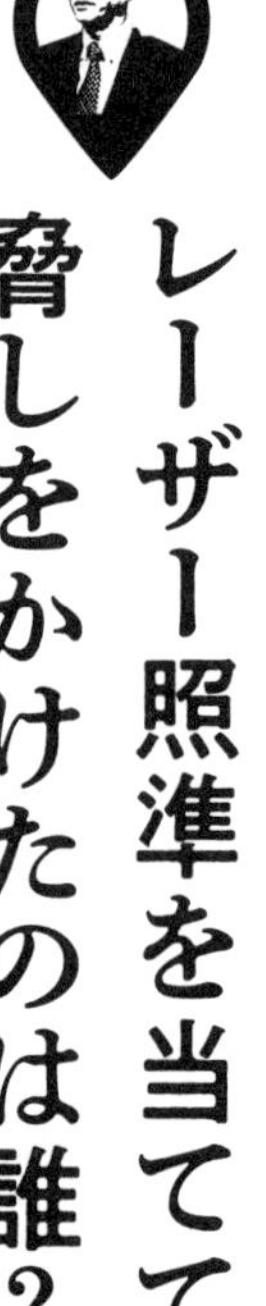

レーザー照準を当てて脅しをかけたのは誰？

高野　ところで、話は変わって、私は若い頃にエドワード・テラー博士という方にインタビューをしたことがあります。テラー博士は空軍のUFO調査に長年関わっていた方であり、水素爆弾を開発した人としても知られているのですが、アメリカで彼の取材を終えた時に、危険な思いをしたことがあります。取材を終えて、近くのコンビニで飲み物などを買って宿泊場所に戻った時のことです。左手で買い物袋を抱えて、右手で滞在していたモーテルのドアノブを回そうとした瞬間に、レミントンライフルに使用されているようなレーザーの照準を当てられたのです。夜中にレーザー照準を当てられることが意味するのは、言ってみれば、「お前を遠方から狙っているぞ！」という脅しです。

その時、レーザーの照準は上から垂直に、ゆっくりと降りてきて、私の手の甲でピタリと止まりました。通常なら、手で持つタイプのレーザー・ポインターなどの場合、必ず手振れを起こすはずですが、少しもブレれることなく、ゆっくりと、しかも正確に真っすぐ降りてきたので、私は確実にライフルで狙われたのです。このようなことは、一体誰が行うのでしょうか？　ＦＢＩなのでしょうか？　こちらが何かの核心に迫ると、脅しをかけてくるというような行為を行うのは、どのような組織なのでしょうか？

ジョン　なんと！　そんな危険な思いをされたことがあったんですね。はい、それは明らかに脅しだと思われます。まず、そのようなことを誰が行ったのか、ということについては、ＦＢＩでなくても、カバールと関わりのある機関の関係者なら、必要とあらば何でも請け負います。カバールは、あらゆる政府機関やグローバル企業に権力を持っていますからね。ちなみにこの件に関してなら、私はＣＩＡだと思いますけれどね。

高野　やはり、そうでしたか。あと、ＮＹから日本の私宛ての郵便物の封筒が、私の手元に届く前に開封されていたこともありました。中の手紙はそのままでしたが、封筒には切られた形跡がありました。そして、封筒の真ん中には「開封済（INSPECTED）」という赤い印鑑が押されていました。こういったことも、ＦＢＩは行いますか？

ジョン　もちろん、必要ならば行いますよ。これは、ＦＢＩだったかもしれませんね。高野さんは、外国勢力のエージェントだという疑いをかけられたのかもしれません。

高野　そうですか。私も若い頃は、結構危ないことをやっていたので、そう思われてしまったのかもしれません（笑）。

ジョン　高野さん、私はあなたのファイルがあるかどうか、チェックする必要がありますね（笑）。

高野　どうぞ、どうぞ（笑）。あと他には、こんなこともありました。アメリカから、いざ帰国という際に、予約していた帰国便のフライトを前日にリコンファームしていたのにもかかわらず、当日、空港へ行くと自分の乗る便が、1か月後のフライトに変更になっていたのです。そこで、空港のカウンターで、「誰かが私のチケットを変更したのではないか？」と質問したのですが、「最初から1か月後の日程で予約されている」としか言われません。当然ですが、そんなことはありえないのです。こんなことができるのは、一体誰なのか気になりますね。要するにこれは、「私をアメリカ国内から出さない」というようなサインではないかと思いますが、これもある種の脅しだったのではないでしょうか。こういったことも、ＦＢＩが関係していますか？

ジョン　はい、ＦＢＩはそんなことも行います。かつて私は90年代に、プロファイリング（罪を犯す犯人像の分析技法）のリサーチをよく行いました。これはある高度な技術を用いて、ある特定の人物をあらゆる側面から調べ上げるものでした。そのプロファイリングの調査は、特に、アメリカ人以外の外国人に対して、それも国家の安全保障に脅威を与えかねない人物に向けて行っていましたが、もしかして、高野さんも、そのような対象になっていたのかもしれませんね。

高野　そうなんですね！　でも、心配しないでください。私は無害ですから（笑）。

ジョン　はい、わかっていますよ。でも、高野さんのファイルがあるかどうかを調べる必要がありますね（笑）。

エイリアン・テクノロジーを使用するのは、まだ一部の者だけ

高野　では、話題を変えて、次にエイリアン・テクノロジーについてお聞きしてみたいと思います。私は現代社会において、すでにエイリアン・テクノロジーがさまざまな形で活用されているのではないかと思うのですが、いかがでしょうか？

ジョン　はい。確かに、すでに活用されている技術もありますね。でもそれらは、あくまでも公のものとして出ているものではなく、一部の関係者だけに秘密裏に使

用されているものだと思います。たとえば、トランプ大統領は、ＵＦＯのような機能を持つ空飛ぶ乗り物をすでに使っている、ということもわかっています。また、２００４年と２０１５年に海軍のパイロットが撮影したＵＦＯだと思われる「ＴＩＣＴＡＣ（ティックタック）」の映像がありましたね。

これは、海軍の航空母艦「ニミッツ」で行われた、ＵＦＯに見せかけた軍事用のドローンの実験でした。この時、ＵＦＯに見えるように演出されたドローンは、「Ａ14」と呼ばれている最新鋭の機種です。この件については、アメリカの大手メディアがこぞって、「これは、本物のＵＦＯ映像だ」などと映像を公開していましたが、実際には、これこそがニセモノであり、フェイク・ニュースなのです。ただし、この軍事用のドローンには、エイリアン・テクノロジーが搭載されていると思われます。

高野　これは、国防総省がその映像を公式に認めていましたね。

ジョン　そうです。国防総省が、「これは未確認の飛行物体である」という情報を正式に認めて公開したものですね。ちなみに、中国がアメリカの軍に勝てないのは、アメリカがこのような高度な技術を持っているからなのです。何しろ、この軍事用ドローン1機だけで、巨大な空母を1隻破壊できるほどの威力があるのです。

高野　なるほど。では、三角形の形をしたＵＦＯのような飛行体の「*ＴＲ３Ｂ」についてはいかがですか？　これについては、何か情報をお持ちですか？

ジョン　はい、このＴＲ３Ｂについては、多くの報告が上がっていますね。アメリカを含め、さまざまな国がこのＴＲ３Ｂを所有している、という説もありますが、これについては不明です。というのも、これらについても米軍やＣＩＡが公開している情報なので、誤情報かもしれないからです。

＊TR3B

地球製の三角形のUFO型飛行体。米軍が秘密裏に開発した反重力の軍用機だといわれている。ただし、本物のUFOにも三角形のものがあり、目撃証言時には地球製のものか本物かの議論がなされることもある。

高野　実は、私の知り合いの政府関係者で信頼できる人からの情報ですが、次のような体験談があります。その知人は、コロラドの軍事地下基地に招待されて、TR3Bが地面から浮遊した後に離陸するという様子を見せてもらったことがあるそうです。彼によると、TR3Bは明らかに米軍が開発した地球製のものだそうです。詳しい技術的な部分は教えてもらえなかったそうですが、同盟国側にはこのような情報はすでに共有されているようでした。

ジョン　なるほど。そのTR3Bの機体の大きさは、どれくらいだったのでしょうか？

高野　かなり大きかったそうで、十数メートルだと言っていました。

ジョン　そうなのですね。では、その方の目撃談と、実際のTR3Bの目撃談とを照らし合わせて検証してみる必要もあるかもしれませんね。というのも、私は1997年に、「*フェニックスライト」という現象、また、2012年にも同じ現象を実際に自分で目撃して体験しています。その時に見たTR3Bと思われる機体の大きさは、かなり巨大なものでした。その時のＵＦＯは、夜空の星が見えないくらい空一面を覆い隠すほどの超大型のもので、翼から翼までの長さが１・６キロメートルくらいもある大きさだったからです。場合によっては、その半分くらいのサイズ、８００メートルくらいのサイズもあるようです。

＊フェニックスライト
1997年3月13日にメキシコのソノラ州やアメリカのアリゾナ州フェニックスの上空で、夜間に長時間にわたって目撃された謎の複数の光点物体。多数の住民によるＵＦＯ目撃事件としてメディアに取り上げられ、大きな話題を呼んだ。

地球製と本物のUFOを見分ける3つの条件

高野　なるほど。大きさにもいろいろ違いがあるわけですね。ちなみに、ジョンさんが目撃されたものは、人間の手で作られたものではないと思われますか？

ジョン　はい、確実に地球製ではなかったですね。他には、アリゾナのセルズという場所でも、あるＴＲ３Ｂ型のＵＦＯ現象を大勢の人と共に目撃して、他の目撃者たちにもインタビューを行ったことがあります。その時の体験も、やはりフェニックスライトの時と似たような現象でした。まず、夜空に巨大な宇宙船のようなものが上空からゆっくりと街全体を覆うようにしながら、現れ出てきたのです。

その後、地上でその様子を目撃していたある1人の女性の身体をめがけて、青緑色の光線がＵＦＯから放射されたのです。すると、ビームを浴び終わった彼女は、とてもハッピーな気分になったそうで、急に踊りはじめました。それから、そのＵＦＯはゆっくりと上空へ戻るような動きをしたかと思うと、瞬きをするほどの速さで消え去ってしまいました。このような話と似たような目撃談はたくさんあります。それらから判断すると、高野さんの知人の方が目撃したタイプのものは、地球外のＴＲ３Ｂとは違うかもしれません。

高野　そうですか。そうすると、ジョンさんが本物のＵＦＯと、そうでないＵＦＯを判断するときには何を決め手にされていますか？

ジョン　基本的に、私の方では、「その飛行体が宇宙からのものなのか、それとも地球製のものなのか」、ということを見極める際には3つの観点から見ていきます、それは、①外見、②動き、③能力という要素です。この3つの要素を検証しながら、それが地球外のものかそうでないかを査定していきます。そして、判断した結果、1つだけの要素が当てはまることで地球外のものとみなされるものもあれば、3つのすべてが当てはまることで本物のUFOだと結論づけられるものもあります。

高野　その条件が1つでも確実に当てはまれば、いいわけですね。

ジョン　はい、そうです。たとえば、1975年にアリゾナでトラビス・ウォルトンという人が見た飛行物体の場合、直径20メートルくらいで、エンジン音のない無音のものが上空200メートルくらいの場所で浮遊していたそうです。この時のUFOは、機体全体が発光体のようだったという話です。これは①の「外見」に当たるものです。また、ロサンゼルス大戦の時の飛行物体は、大砲などが飛行物体自体を通過するような種類のものでした。これは、高度なテクノロジーを持っていることがわかるので3つ目の「能力」の条件に当てはまります。このどちらに関しても、私は地球外のものである、と判断します。

高野　なるほど。私が入手した情報の中には、「アメリカのある軍事基地から、軍人たちがTR3Bに乗り込んでいくという光景を見た人もいる」、というものもありますね。私としては、もし、その飛行体が地球製の機体なら、地球外のテクノロジーがどの程度までその機体に搭載されているのかということや、また、そういったものがアメリカの国内や軍などでどれだけ実用化されているのかということを知りたいのですが、いかがでしょうか。

ジョン　UFOの推進原理のテクノロジーの一部はすでに人類にもたらされていると思いますが、この地球上では使われていないと思うのです。それらは、「*秘密宇宙プログラム」の一環として、地球外で使われていると思います。

＊秘密宇宙プログラム（Secret Space Program）
第一次世界大戦の頃より、カバールが米軍と協力して秘密裏に行っていた宇宙プログラム。宇宙を開拓・産業化して、利権を独占しようとしていた計画。内部告発者のコーリー・グッドは、エンパスとしてエイリアンとのコミュニケーション能力があると認定されて、当プログラムの宇宙艦隊のチームに参加するために訓練を受けていたという。

高野　そうですか。私は、ロックフェラーが資金提供をして調査研究をした報告書を読んだことがあります。その資料には、「アメリカでは、すでに地球外のテクノロジーを用いた飛行体が完成に近いところまで出来上がっている」、という報告もあったりします。そして、その飛行体の機体を実際に見た日本人もいますし、それに乗り込んでいく姿も目撃されています。ちなみに、「その飛行体は中東へ向かうものであり、アメリカからほんの数分で到着する」、ということでした。そんな話を私は日本の政府関係者から聞いたことがあるので、すでに高度なエイリアン・テクノロジーは、かなり実用化されているのではないかとは思っています。ただし、地球圏外へ行くほどの技術はまだ入手できてはいないのかなとは思いますが……。

ジョン　そうですね。まず、ロックフェラーの資金提供によるリサーチに関しては、私にとってはあまり信頼できる情報源ではないかもしれません。というのも、ロックフェラーはカバール側なので、反人類のためのサポートをしているとしか思えないからです。あと、TR3Bに関しては、地球上のみの活動に留まり、地球外の活動には用いられていないかもしれません。けれども、もし、地球外のテクノロジーが使われているのなら、先ほど申したように、秘密の宇宙プログラムに用いられているはずです。

高野　わかりました。私も、ロックフェラーが資金提供したリサーチが信用に値するかどうかは疑わしい、という部分に関しては、まったく同じ意見ですね。

本物のUFOなら地球で墜落事件を起こさない

高野　では、ここからは、アブダクションについて幾つかの質問をしてみたいと思います。ジョンさんはVol・1の本で、「エイリアンたちは、宇宙から宇宙船に乗って地球にやってきているわけではなく、異次元からポータルを通って来ている」、とおっしゃっていますね。そうすると、彼らは他の惑星から来ているということはない、というわけですね？

ジョン　はい、私は長年のリサーチから「エイリアンは、他の星から宇宙船に乗ってやって来ているわけではない」、と結論づけています。彼らは別の次元であり別の現実、いわゆる非物質的な次元からポータルを通ってやってきているのだと思います。エイリアンたちは、宇宙船というアルミニウムでできた乗り物に乗って星から星へ、太陽系から太陽系へと物理的に宇宙空間を旅してやってきているわけではありません。逆に、このような方法は、彼らにとっても非現実的、非効率的であり、彼らしい洗練されたやり方ではないからです。

高野　なるほど。私の場合は、ＵＦＯは「ワームホール（時空のあるスポットから別のスポットに直結する空間領域で、トンネルのような抜け道のこと）」のようなものを使って、他の恒星系から来ていると思っています。というのも、アブダクションされた人の身体にインプラントされたものを取り出した場合、その物質がこの太陽系内では見つからない種類の物質だった、という証拠もあるからです。ただし、ロズウェル事件などは、実際にＵＦＯが地上に墜落しているわけですよね。となると、他の次元からやってきたものが本当に墜落するのかな、とも思ってしまうわけです。この場合のＵＦＯは、他の次元から来ているとは思えないのですが、いかがでしょうか。

ジョン　はい、おっしゃる通りです。他の次元のものが実際に地上に墜落するとは信じがたいですね。

高野　他にも、イギリスやロシアでも似たようなケースの墜落事件がたくさんありますよね。

ジョン　はい、1996年にブラジルのバルジーニャという場所で、ある面白い事件が起きたことがあります。まず、農場の上を数十分にわたって浮遊するUFOが目撃されていたのですが、この時、地元の3人の少女がUFOから降りてきた不思議な生き物に遭遇しています。その生き物は160センチくらいの背の高さで、レプティリアングレイ系のエイリアンのような姿で、大きな赤い目をしていたそうです。さらに、この生き物はふらふらとふらついていて、怪我をしていたそうです。

これは後に「バルジーニャUFO事件」と呼ばれることになりますが、これは、カバールと彼らと組んでいる悪いエイリアンが、本物のＵＦＯの墜落に見えるように演出した墜落事件です。墜落事件の中には、エイリアンのような生き物をわざわざＵＦＯのような乗り物に乗せてクラッシュさせている場合もありますが、このケースでは、彼らがグレイタイプのハイブリッドを創造して、「エイリアンは、こんな生き物なんだ！」と人間に信じ込ませることを試みたわけです。でも、本物のエイリアンなら、自分の姿を物質化・非物質化することも自由自在なので、ずっと身体が物質化しているというエイリアンは、逆に本物のエイリアンではないのです。

高野　なるほど。では、この事件で怪我をしていたエイリアンはハイブリッド的な生き物になるのですね。

ジョン　はい、そうです。さらには、昨年の２０２０年5月には、こんな事件も起きていました。ブラジルのリオデジャネイロのマジェという町で、最初にライトブルーの光が上空に現れて点滅していたものが観測されていたのですが、その光は徐々に下降してくると墜落しました。この事件には多くの目撃者がいたのですが、不思議なことに、事件後にブラジル軍がすぐにやってくると、その場所一帯を封鎖して、地元の警察さえも入れないようにしたのです。さらには、当日のグーグルマップでは、マジェのエリアの一画が塗りつぶされたようになって、地図も丸1日見えないようになっていました。

けれども、その後、目撃者の1人が撮っていた動画がネット上に公開されました。その映像には、プラズマのように見える青い光のＵＦＯが映りこんでいました。となると、一見、この事件は本物のＵＦＯのように見えますが、これは本物のエイリアン・テクノロジーを活用しながらも、やはり、カバールと悪いエイリアンたちが結託して引き起こした事件と言えるのです。というのは、やはりＵＦＯが墜落しているからです。また、本物のＵＦＯであっても、あえて墜落するように、わざと企てられることもあります。

REAL UFO's DON'T CRASH—UNLESS it is planned/fake, usually by THE REPTILIANS AND THE CABAL(See ROSWELL)

基本的に本物のUFOは墜落しない。墜落事件はフェイクなUFOか、レプティリアン系エイリアンとカバールが手を組んで、人々の意識を操作するためにあえて墜落するように計画したもの。

カバールは地球製のUFOにエイリアン・テクノロジーを混入させる

高野　いろいろなケースがあるのですね。ただし、撃墜されたUFOが地球製のものであるならば、なぜ機体の破片などから、地球上にはない放射性同位体が発見されたり、地球にはない金属が使用されたりしているのでしょうか？

ジョン　それは、たとえ人間が造ったUFOであっても、カバールが所有する、今の科学では想像もできないような高度なテクノロジーが導入されているので、地球上では見つからない金属や放射性同位体が発見されたとしても不思議ではないのです。

高野　なるほど。あと、日本では、江戸時代にはすでにＵＦＯが目撃されていたという資料もありますし、さらには、もっと前の今から８００～９００年も前の鎌倉時代にＵＦＯが目撃されていた記録も残っています。こういった情報をふまえると、当時の技術では到底ＵＦＯは人間の力では作れないと思うので、そうなると、やはりその当時目撃されていたものは本物のＵＦＯだったのでは、と思います。アメリカの空軍の教科書には、「実に不愉快なことだが、ＵＦＯは他の惑星から来ている」というような記述もあります。私自身は、こういったことから、やはりこれらは本物のＵＦＯではないかと思っているのですが……。

ジョン　そうですね。高野さんのおっしゃることは事実だと思いますよ。ただし、私は科学者ではないので、捜査官という立場で情報を検証しているのです。つまり私の場合は、「これは本物のＵＦＯなのか」、それとも、「これは本物だと信じさせるために演出されたＵＦＯなのか」という視点で調査を行い、それが真実か否かを見分けることならできるのです。また、地球外の金属やテクノロジーが搭載されていたからといって、確実にそれが本物のＵＦＯであるとは限りません。カバールはそういった技術を簡単に入手できるので、彼らならまるで本物のＵＦＯであるかのように、地球製のＵＦＯにそれらを埋め込むことだって可能なのです。

高野　となると、カバールはどのようにしてそのような技術を入手しているのでしょうか？

ジョン　基本的に、彼らは多次元からきたエイリアンたち、それも人類の味方ではない悪いエイリアンたちと常につながっています。そして、彼らのサポートを得て、我々人類を操作しようとしています。また、国家レベルで、そんなエイリアンたちとコンタクトを取っている国もあります。彼らは、本物のように仕立て上げたＵＦＯの墜落事件を通して、私たちがＵＦＯに対してより恐怖心やネガティブな感情を抱くように仕向けているわけです。

高野　そうですか。ちなみにカバールは、それらについて、どこまで操作が可能なのでしょうか？　たとえば、アブダクションされた人を退行催眠にかけると、「自分は他の惑星に連れていかれた」というような記憶を証言する人もいます。これらは状況証拠ではあるのですが、誘拐された人々は実際に他の星に連れていかれている、とも見受けられます。また、彼らの身体に埋め込まれたチップのようなもの、いわゆる、インプラントされた物質を調べてみても、現在のテクノロジーではありえないような性質のものだったりします。たとえば、人体の中でも炎症反応を起こさないような物質だったりするのです。アブダクションされて戻って来た人が他の星へ行ったというような記憶なども、カバールがその人に対して仕込むようなことなども可能なのでしょうか？

ジョン　私は、アブダクションされた人の記憶などは真実だと思いますよ。体内に埋め込まれるインプラントにしても本物だと思います。外科医のロジャー・リア博士が多くのアブダクションされた人のケースを扱っていますが、彼もインプラントは本物であると証明しています。

アブダクションされた人たちも次元間移動をしている

高野　ロジャー・リア博士ですね！　実は、私は彼の手術現場に立ち会ったことがあるので、よく知っています。

ジョン　それはすごいですね！

高野　手術現場を見学したのは、日本人では私だけだと思います。

ジョン　それは、とても貴重な体験をしましたね。基本的に、私は墜落したＵＦＯのケースが本物であるとは信じていないのですが、アブダクションされた人の証言は本物だと思います。何しろ、この私自身が誘拐されそうになったことがあるくらいですからね。アブダクションされた人は、間違いなく地球外へ連れて行かれています。そして、その証言も、それが催眠下で話されたものであろうとなかろうと本物だと思います。

ただし、アブダクションされた人たちは、宇宙船に乗せられて別の惑星に行ったのではなく、ワームホールやポータルを潜って別次元に行ったのです。とはいえ、アブダクションされた人の方は「自分はＵＦＯに乗った」、と思い込んでいる場合もあるかもしれません。また、インプラントに関しても本物だと思いますよ。ロジャー・リア博士いわく、「インプラントは、まるで生き物のようだ。鉗子で掴もうとしても動いてしまって掴めない。身体の中を泳ぐように逃げてしまう」と表現していますからね。

高野　そう、まさにその通りです。私も実際に現地で見せてもらいましたが、不思議なことに、手術を受ける人は麻酔が効かなかったりもするのです。それに、指の中に埋まった*インプラントが動いてしまって取れない、という様子もこの目で実際に見ました。あと、インプラントが埋まっている部位にガウスメーター（磁力計測装置）を当てると、針が降り切れるほどに磁力を発しているのがわかるのです。

しかし、面白いことに、身体から摘出したインプラントにはガウスメーターはまったく反応しないのです。要は、身体の中にある時だけ、その物質から磁力が発生しているのですね。日本には、「ピップエレキバン」という磁力で血行を改善して、身体のコリをほぐす医療製品があるのですが、「ピップエレキバンみたいなモノが埋まっているのではないか」、と冗談で言っていましたね（笑）。

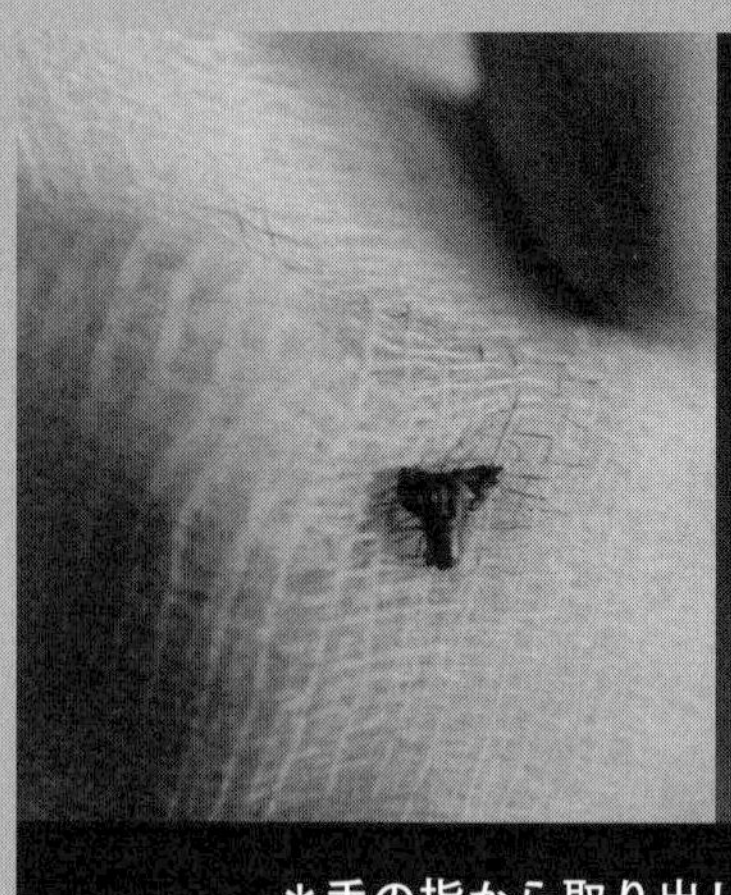

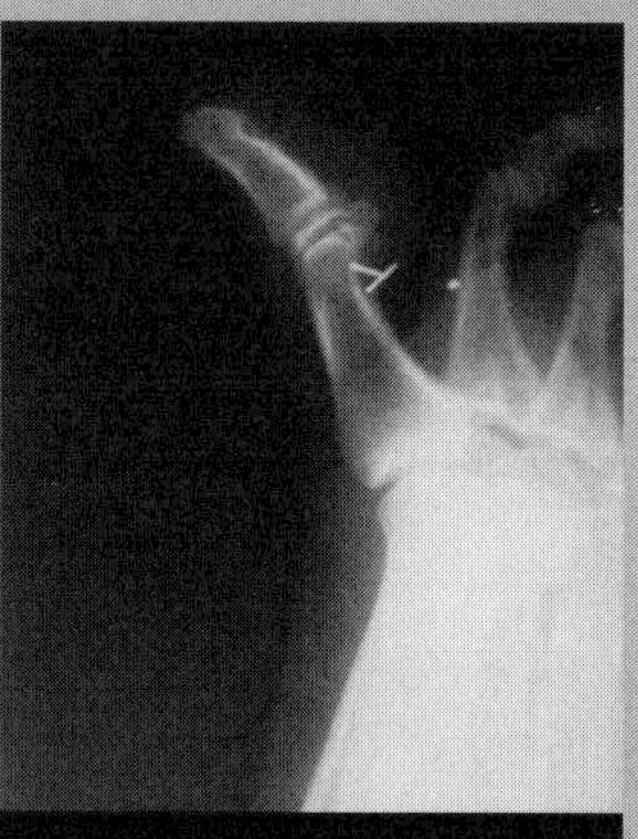

＊手の指から取り出したインプラント

写真左は、手の指から取り出されてガーゼの上におかれたインプラント。右はインプラントが埋まっていた手の指。

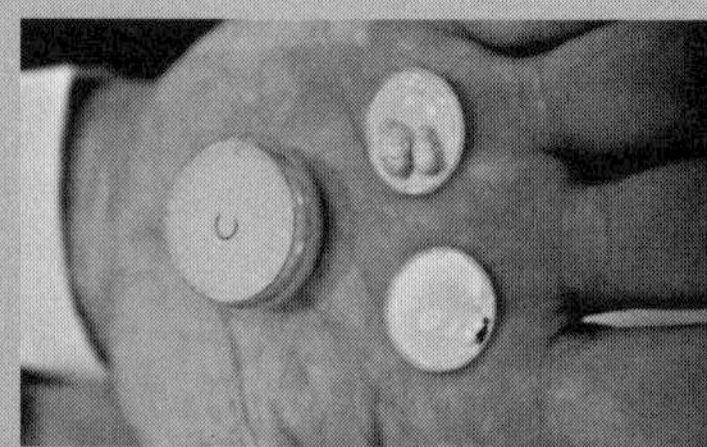

＊人体にインプラントされていたモノ

高野氏が元CIAのデリル・シムス氏から見せてもらった人体にインプラントされていたモノ。手の平の上に置かれた3つのケースの中にそれぞれ入っている。右上にはベージュのモノが2点、右下には黒い小さなモノが確認できる。

ジョン　大変興味深いですね。とにかく、本物のエイリアン・テクノロジーは想像を絶するものが多いのです。ちなみに、アブダクションされた人の体験談には次のようなものもあります。先ほども、そのUFOが本物であるかどうか、を見極めるときの例でも言及した*トラビス・ウォルトンという人ですが、彼のこんなエピソードはご存じでしょうか。彼は、UFOを研究する人にとっては、その貴重な体験談は、まるで国宝のような存在だと言える人です。

ある日、トラビスは直径20メートルのUFOが上空に浮かんでいたのを目撃したので、UFOの下まで走って追いかけたのですが、そのあたりで気を失ってしまいました。そして、次の瞬間に意識が戻ったと思ったら、小さなグレイ人のような存在たちが自分の身体を引っ張ってどこかへ連れて行こうとしていることに気づいたそうです。驚いた彼は、それを必死で振り払い逃げたのですが、自分が思ってもみない場所にいたことに驚きました。彼はUFOの船内にいたのではなく、野外のだだっ広いコロシアムのような場所にいたのです。とにかく彼は、そこからたくさんの部屋を通り抜けながら必死で走って逃げ、おおよそ2・5キロくらいの長い距離を全力疾走したそうです。

けれども結局、ノルディック系（色白でスカンジナビア系の人種のように見える人間に似たエイリアン）の3人のエイリアンにつかまってしまい、最初にいた場所まで連れ戻されてしまったそうです。そして、そこで自分に対して彼らから何かをされてしまった、というところまで記憶にあるそうです。このような体験談からも、やはり、アブダクションされた人々は、宇宙船に乗せられているわけではなく、次元間を移動しているのだと思われます。

Travis Walton 1975—Good Aliens Saved His Life

＊トラビス・ウォルトン

1975年11月、アメリカのアリゾナ州で森林作業員だったトラビス・ウォルトンはUFOを目撃した後、アブダクションされる。地球時間では6日間ほど行方不明だった後に再び現地に戻される。アブダクションされていた時の体験談はUFO関係者の間で貴重な資料になっている。彼は無事に戻ってきたことから、良いエイリアンに遭遇したと思われる。

エネルギーの「フラクタル変換」が起きれば、UFOの形も自由自在に変わる

高野　はい、そうですね。日本でも、似たような事件が何件か起きていますね。これに関しては、エネルギーの「フラクタル変換」が行われているのだと思います。たとえば、ある体験談では、「直径が10メートル、高さが2メートルくらいのUFOの中に入ったと思ったら、内部の広さは巨大だった」、という話もあります。このあたりのことについては、今の私たちの物理の知識や概念では理解できませんが、エネルギーをフラクタル変換すれば、そんなことも可能になります。

また、福井県で一家４人が体験したというこんなＵＦＯの事件もあります。それは、横幅が約10メートル、高さが約３メートルのＵＦＯが突然縮んで、住宅と工場の間にある50センチ程度の隙間をすり抜ける様子を全員で目撃した、というものです。

この時はまず、自宅の外にいた母親が、上空からＵＦＯが飛来してきて、自宅の2階部分に移動すると子どもたちのいる部屋にぶつかりそうになったのを目撃したのです。そこで、母親は子どもたちを助けようと、あわてて2階に駆け上がったのです。けれども、その時点ではすでに、ＵＦＯは工場と住宅の間の50センチ程度の隙間をオレンジ色の火花を放ちながら、ゆっくりとすり抜けて去って行ったのが窓から見えた、という一連の出来事でした。

ジョン　それは面白いエピソードですね。確かに本物のＵＦＯならシェイプシフト、つまり形を自由自在に変えることができることもわかっていますね。

高野　はい。物質の形を変えるというシェイプシフトこそ、まさに、エネルギーのフラクタル変換によるものですね。他にも、光が伸びたり縮んだり、という現象を起こせるエイリアン・テクノロジーもあります。ＵＦＯに遭遇した人たちは、「ＵＦＯから放射される光線が、ゆっくりと上から降りてきた」という証言をしたりしますね。でも、普通なら光線はゆっくり降りてくるはずはないのです。その光線は、光速の光とは違う速さを持つ光なのです。

たとえば、レーザー・ポインターや懐中電灯などが発する通常の光は、スイッチを押した瞬間に光が発せられますね。光速とは、時速10億７９００万キロ（秒速29万９７９２キロ）で進む速さのことです。でも、エイリアン・テクノロジーなら光のエネルギーの速度を変えたり、また光を縮めたり、伸ばしたり、分離させたり、回転できるような技術があるわけです。さらには、複数の人の中から、特定の人物にだけ反射した光が届くようにするなどの技術も可能なようですね。

ジョン　そうなのです。そのようなテクノロジーがあるからこそ、本物のＵＦＯは、決して意図されない限り、墜落しないものなのです。

高野　私もロズウェル事件他、イギリスの墜落事件などは意図的に起こされたものだと思っています。でも、これは高度な地球外生命体が、人類に「リバース・エンジニアリング」を行わせるためにやっていることではないのかな、とも思うのですがいかがでしょうか。つまり、「人類は、墜落した機体や残骸を分析することで学び、同様の技術を地球でも発達させなさい」、と言わんがために行っているのではないかと思っています。ちなみに、ロズウェルの場合は、ＵＦＯに乗っていたのはエイリアンではなく、彼らが造った〝生物ロボット〟のようなものだったようですが……。

ジョン　はい。おっしゃる通り、ＵＦＯの墜落事件は意図的に行われています。これには、カバールも関わっていますが、その背後には本物のエイリアンがいるでしょう。エイリアンと手を組んでいるカバールたちは、エイリアン・テクノロジーを伝授されていますからね。ただし、リバース・エンジニアリングについてですが、*ボイド・ブッシュマン博士いわく、「人類に伝授される技術は、エイリアンが用いるような最先端のテクノロジーではない」、とのことでした。というのも、その方が人類をよりコントロールできるからです。彼の言葉で言えば、「リバースエンジニアリングで製造したＵＦＯは、いわば〝死体〟を飛ばしているようなもの。なぜなら、本物のＵＦＯは、まるで生きている意識体のようなものだから」とのことでした。

高野　なるほど。本物のＵＦＯはマシーンというより意識体のようなものである、というのはよくわかります。

＊ボイド・ブッシュマン博士

航空宇宙科学者であり、アメリカ国内の大手航空宇宙関連の企業数社で上級科学者を務めていたマッド・サイエンティストで知られる博士。UFO やエイリアンに詳しく、最高機密レベルの情報にアクセスしながら、その研究にも自ら携わる。アメリカのTVシリーズ、『フリンジ』のウォルター・ビショップ博士のモデルになる。画像は80年代の若い頃のブッシュマン博士。

エイリアンとのコンタクト体験で開花した能力

アブダクション未遂事件以降、霊聴能力が発達

エイリアンとのコンタクト体験のある人は、その後、ある種の才能が開花する。

これは、前回のＶｏｌ・１の本でもお伝えしたことですが、10歳の時にアブダクション未遂に終わったこの私も、実は、ある才能が開花していたのです。

こうしたことが起きる理由は、エイリアンたちの仕業なのか、それとも彼らでさえもコントロールできない何か不思議な力が働くことでそうなるのかなど、はっきりしたことはわかりません。

それでも、「コンタクティ（エイリアンからのコンタクトを受けた人）」と呼ばれる人たちは、それぞれ、コンタクト後に、何らかの才能や能力が発動するようになるのは確かなのです。

ここでは、私が授かったある能力のお話をしてみたいと思います。

まず、私のアブダクション未遂事件を簡単におさらいしておきたいと思います。

ある夜、グレイタイプのエイリアンが2人、私の部屋にやってきて、深夜までベッドで寝つけなかった私の身体を天井まで持ち上げ、私の身体を家の外にすり抜けさせようとしたのです。

けれども、私が寝つけずに意識があるままだったせいか（その瞬間に私は金縛り状態にされていました）、私の額が天井にぶつかると（エイリアンたちの身体は天井をすり抜けていましたが)、私は身体ごとベッドの上にドスン!と落ちてしまい、エイリアンのアブダクションは失敗した、という経験でした。

このようにして、なんとか私はアブダクションされることを免れたわけですが、以降、私は明晰夢(めいせきむ)を見たり、予言的な夢やビジョンを見たりする不思議な能力が発達してきたのです。

中でも、最も際立って発達した能力が「聴こえるはずのない声を聴く」という「霊聴能力」です。これは、いわゆる精神的な病気で聴こえる「幻聴」とは違う種類のものです。

幻聴の場合は、頭の中に響いてくる声が混乱した声だったり、ささやき声だったり、ネガティブなノイズである場合が多いと言えるでしょう。

一方で、霊聴の場合は、何か威厳を持った声が天から響いてくるような感じだったり、頭の後ろから声が聴こえてきたり、ハートに響いてくる、いわゆる〝大いなる声〟と呼べるような声なのです。

その声は大きくはっきりとした声で、指示を与えてきたりもします。

また、その声の質は、自分自身の声とも似ていたりしますが、当然ですが、自分がしゃべっているわけではありません。

さらには、似たような体験をしている人の多くのケースを調べても、その声は必ず本人を助けたり、サポートをしたりする際に聴こえてくる声でもあるのです。

ただし、その声は、いつも短いフレーズであり、単純な言葉でしか情報を与えてきません。そこで、本人がそれらの情報に気づかない場合は、追加で映像なども見せてくることもあります。

それでは、私に起きた「霊聴能力」の３つの現象をここでご紹介しましょう。

①父親が彼の親友のハーヴィーであったという事実

これは、私のアブダクション未遂事件の少し後の10歳くらいの頃の出来事です。

私の父親は、刑務所で囚人たちを矯正する仕事に携わっていました。

そんな私の父は、彼の親友であるハーヴィーという男性について、いつも私に話をしてくれていました。

ハーヴィーはお酒が大好きな人だそうで、父親もそうだったことから、いつも2人で仕事の後はお酒を飲み歩いていたようです。

また、やんちゃなハーヴィーはケンカにも強く、「ハーヴィーは、こんな技を使うんだよ!」、とハーヴィーが格闘する時の技なども、私に身振り手振りでジェスチャーなどをしながら、見せてくれていました。

そんなハーヴィーに、いつしか私も興味を持つようになり、父からハーヴィーとの冒険話を聞くたびに、「ハーヴィーに会いたい！」と言うようになりました。

でも、父はなぜかいつも、「彼は、酔っ払いだからダメだよ！　危ないよ（笑）」と言って、絶対に会わせてくれなかったのです。

さて、そんなある日、父親はハーヴィーのせいであるケンカに巻き込まれてしまったそうで、「4人の男たちからボコボコにされてしまった」、と言って傷だらけになって自宅に戻って来ました。

ケンカに巻き込まれた父親は、「今後は、もうハーヴィーとは会わないよ！」と宣言したので、私は子ども心に「ハーヴィーに一度だけでも会ってみたかったのに……」と寂しく思ったのを覚えています。

しばらく経ったある日、ふと自宅の窓の外を見ると、道行く1人の女性が3人の男たちに強盗に遭っているのを目撃しました。

するると、その様子に気づいた父親が急いで外へ飛び出すと、1人で3人の男たちを相手に飛び掛かり、彼らを次々と退治しながら、その女性を助けているのです。

その光景を唖然としつつ見ていた私ですが、ふとその時気づいたのは、父が話していたハーヴィーの格闘の〝技〟を同じように父親が行っていた、ということです。私は息を飲んでワクワクしながら、そんな勇敢な父の姿を見ていました。

その時、頭の後ろで大きな声が聴こえてきたのです。

「彼がその人だよ！」と。

その声に驚きつつも、意味がわからなかった私に、さらにもう一度、一段と大きくなった声が響いてきました。

「彼がその人だよ！」と。

私は、その声がどこから響いてくるのかを確かめようと、あたりをきょろきょろと見回しました。

すると再度、さらに大きくなった声がもう一度響いてきたかと思うと同時に、これまで父親が話してくれていたハーヴィーとのエピソードが私の中になだれ込んできたのです。


それは、ある日、アパートの住人のおばあさんが、悪い大家にアパートを追い出されそうになっていた時のこと。それを知ったハーヴィーと父親が、２人でＦＢＩの捜査官を装い、その大家を懲らしめておばあさんをアパートから追い出さないようにした、という出来事。

また、４人の男たちを相手にハーヴィーと父親がケンカをした、という出来事。

でも、そんなビジョンの中にいたのは、父親１人だけであり、ハーヴィーはいなかったのです。


そうなのです。

なんと、父親がハーヴィーそのものだったのです。

その声が聴こえて来なければ、私はこのことには気づかずに育ったでしょう。

その時、陰のスーパーヒーローである父親を誇らしく思ったのは、言うまでもありません。

それが私にとっての初めての霊聴体験でした。

子どもの頃にNYの街角で父親と一緒に撮った写真。父親がいつも話してくれていた親友、ハーヴィーが実は父親本人であったことを"大いなる声"に教えられる。人々を助けるヒーローだった父親の姿を見て育ったことがFBI捜査官へのキャリアにつながった。

②息子の足を救ってくれた声

また、こんな出来事にも遭いました。

家族でワシントンD.C.に行った時のこと。

街でショッピングをして、5歳と3歳の息子たち2人には新しい靴を買った後、早速、その靴を履いた息子たちと共に、地下のエスカレーターの上を家族で移動していました。そのエスカレーターは、数階分の高さで、800メートルも続くほど長いエスカレーターでした。

当日、そのエスカレーターにはほとんど人がおらず、周囲には私たち家族しかいませんでした

腕白な5歳の長男は、1人でどんどんと先へ進んで下へ降りて行き、いつの間に

か、私たちとの距離はすでに80メートルくらいも離れてしまいました。

距離が離れすぎたことを心配した私は、「こっちへ戻っておいで！」と声をかけました。

すると、かなり下の方にいた長男はそこからまったく動かず、不安そうな顔でこちらを向き、「僕、動けないんだよ！」と叫んできたのです。

その瞬間、頭の後ろで声が聴こえてきました。

「今すぐ、動きなさい！」と。

突然のその声に驚き、緊急性を感じた私は、一目散で息子の所まで駆け下りていきました。

すると、目を見開き恐怖に脅えながら私を見つめる息子のその小さな靴の足元が、エスカレーターの階段部分に今にも巻き込まれそうになっています。

私は必死で息子の足をエスカレーターから引っ張ろうとしましたが、ビクともしません。

大の男が全体重をかけて力を振り絞っても、階段の歯の部分に食い込んだ靴はいっこうに抜けません。それどころか、さらに靴はじわじわとエスカレーターの中に飲み込まれていっています。

ついに、息子も恐怖で叫び声を上げはじめ、私も、パニック状態に陥りました。その時、その声が再び響いてきました。

「靴ひもをほどきなさい!」と。

私はとっさに息子の靴ひもをほどきました。焦っていた私は、靴ひものことなどには、まったく気が回らなかったのです。あわててすぐに靴ひもをほどくと、息子の足は靴から一瞬でするりと抜けました。その瞬間、靴と破れた息子の白い靴下は、そのままエスカレーターの中に巻き込まれていったのです。

ありがたいことに、息子の足は無傷でした。

片足は靴を履いたままで、もう片足は裸足になったままでショック状態になっていた息子を抱きしめると、〝大いなる声〟に感謝するしかありませんでした。

2人の息子たちとワシントンD.C.で長いエスカレーターに乗った日のこと。5歳の長男の靴がエスカレーターの中に巻き込まれそうになった時も、やはり、"大いなる声"に助けられる。

③カルトスに狙われた命を救ってくれた声

では、最後に1つ、怖いエピソードをご紹介いたします。

FBIでは捜査に役立てるために、各捜査官が外部に情報提供者と呼ばれる人脈を持つことを勧めています。そこで、私もカルトスというある男性を情報提供者にすることにしました。

アラブ系のカルトスとは、イスラム教の教会であるモスクでコミュニティ活動の一環で出会い意気投合すると、まるで親友のように仲の良い関係になりました。エネルギッシュで人懐っこく、おしゃべり好きな彼とは、いつも、トルココーヒーを飲みながら、世間話に花を咲かせていたものです。

人脈も幅広い彼は、まさに情報提供者にはぴったりだったのです。

実は、本来なら外国人の彼は、情報提供者になるにはＣＩＡや国務省の身元チェックが必要でしたが、私はまだ彼の身元チェックはすべて終えていませんでした。

彼を正式に情報提供者として雇うためには、公式に彼がテロリストや犯罪者ではない、ということを調べる必要があったのですが、外国人の彼は調査にかなり時間がかかっていたのです。

それでも、彼は友人でもあったので、身元調査期間中でも普通に定期的に会っていました。

私はときどき、彼の事務所を訪問することもありました。でも、彼のオフィスは、部屋の中にデスクが幾つかあるだけのガランとした部屋であり、何をしているかわからないような殺風景なオフィスでした。

ただし、その部屋の奥には別の部屋があるようで、そこでは、何かが行われている、というような雰囲気が漂っていました。また、部屋の壁はミラーのようになっていて、奥の部屋からも表の部屋の様子が見える、というような作りになっていました。

さて、そんな彼のオフィスを訪れていたある日にその出来事は起きました。彼と談話中に、彼の携帯に電話がかかってきたことから、話をするために彼は部屋の奥に引っ込んだのです。

そこで、しばらくの間、手持ち無沙汰になった私は、ぶらぶらしながら部屋の中を探索することにしたのです。

ふと見ると、彼のデスクの上には、政治家と撮った彼の写真が飾られています。私はこっそりと、デスクの引き出しの中も開けてみました。すると、儀式に使うような豪華な民族調のナイフが入っているのを発見しました。

オフィスという場所にふさわしくないものに驚きましたが、さらに驚いたのは、なんと、もう1つ、血がこびりついたナイフも出てきたのです。

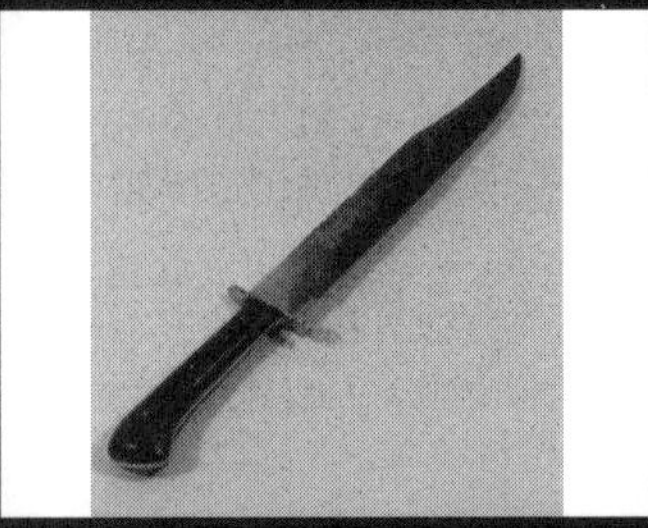

情報提供者になるはずだったカルトスのオフィスのデスクの中から出てきた儀式用の民族調のナイフ（上）と一緒に出てきた血がこびりついたナイフ（下）。このナイフを目撃したことで、カルトスには殺されそうになるが、“大いなる声”に助けられる。

その時、彼がこちらの部屋に戻ってくる気配がしたので、私はあわててそれらを元の場所に戻しました。

でも、そんなことには意味がなかったのです。何しろ、彼は鏡の壁の向こうから、私の行動の一部始終を見ていたのですから。

とにかく、その日は家に戻り、胸がざわついた私は彼の調査結果を催促しましたが、結果はまだ時間がかかるようでした。

翌週、彼の所に行く用事があったので、再度、彼のオフィスを訪問することになりました。

オフィスに到着して、ガラスのドアを開けようとした瞬間に、突然〝その声〟が背後から響いてきたのです。

「入ってはダメだ！」と。

私は、その声を最初は無視しようとしました。やはり、超自然的な力はついつい無視したくなるのです。

そして再度、オフィスに入ろうとしたのですが、その同じ声はまた響いてきます。

するると、私の足はフリーズしたようになってしまい、身体が硬直して前へ一歩も進めません。

ガラスのドアの向こうでは、カルトスが部屋の奥にいるのが見えました。

身体が動かなくなった私は、もしや、自分が突然、脳梗塞でも起こしてしまったのかと思い、カルトスに向かって大声で叫びました。

「カルトス！　ちょっと寄ろうと思ったけれど、今日は帰るよ！　また来週、来るからね！」

彼は、私が先日こっそり盗み見をしていたデスクのところにいました。そして、彼の方もすかさず大声で叫んできました。

「何言っているんだよ！　もう、そこまで来ているんだから、ちょっと入っておいでよ！　ちょっとだけでいいから。副大統領と撮った写真があるから見せるよ！」

そこで私は、仕方なく一歩踏み出そうとしました。でも、まったく足は動きません。

その瞬間、「入っては、ダメだ！」という大きな声がもう一度響いてきました。それと同時に、あるビジョンが私の中に流れ込んできたのです。それは、私が引き出しの中で見た、あの血のついたナイフで警察官を刺し殺している映像でした。

「ごめん！　やっぱり今日はやめるよ！」

パニックになって叫ぶ私に、「1分でいいから！　本当に、1分でいいから！」と彼も執拗（しつよう）に叫び声を上げます。

その時、オフィスの中の彼が片手を背中に回していて、その手にはあの同じ血のついたナイフを持っている姿が鏡の壁に映りこんでいるのに気づきました。

驚愕（きょうがく）した私は、「ごめん！　帰るよ！」と声を振り絞り、足を一歩後ろに下げた途端に、足が突然動くようになったのです。私はその場から一目散で駆け出すと、全速力で家に戻ったのです。

数日後に、やっと彼の身元チェックの報告書が上がってきました。するど、彼は旧ソ連時代のロシアにおいて、何人もの警察官を殺しているというレポートが上がってきていました。殺人方法は、やはりナイフを使ったものでした。

私は彼のオフィスに戻ってみることにしました。するど、そこはもうもぬけの空になっていました。空っぽになった部屋は、きれいに消毒もされて、指紋1つ残っていません。完全に姿をくらましてしまった彼とは、その後、もう二度と会うことはありませんでした。また、彼のことを指名手配をするほどの情報も残っておらず、なすすべもありませんでした。

とにかく、本来なら、私は彼にナイフで殺されて命を落とすはずだったこの日、あの〝大いなる声〟に命を救われたのです。

〝大いなる声〟とは、神の領域にある自分自身の声

当時はまだ、このような霊聴能力を自分でも完全に受け入れられなかった私でしたが、度重なる霊聴体験を通して、自分でも次第に意識を改めるようになりました。

そして、「この能力に真剣に向き合い、この能力を開発していこう」、と思えるようになったのです。

では、このような〝大いなる声〟はどこからくるのでしょうか？

同じような現象を体験する人は、「エイリアンの声」だと言う人もいれば、「神」「天使」「キリスト」などさまざまな意見があります。

でも私は、自分の体験や調査結果から判断すると、その声はやはり、神の領域にいる「自分自身の声」だと思うのです。

では、自分自身ということは、「ハイヤーセルフ」と呼ばれる存在ではないのか、と言う人もいるのですが、私は、ハイヤーセルフよりももっと偉大な、永遠性の中にある自分自身、という存在ではないかと考えます。

〝大いなる声〟は、自分自身の声でありながらも、自分を超えた〝大いなる源〟から無条件の愛とサポートを届けてくれるのです。

これからも私は、偶然によって授かり開花したこの能力に感謝をしながら、自分の人生に、この世界にこの能力を活用していきたいと思っています。

CLEAR
HEARERS
JOHN DESOUZA

“大いなる声”がどのようなものであるか、また体験者たちのケースなどリサーチをまとめた自身の著書、『クリアヒアラー（Clear Hearers）』。

Chapter 3

新型コロナ、大統領選など世界の動きの裏を読む

「新型コロナウイルス」は、40年前の小説で予言されていた!?

高野　さて次に、昨年から世界中に広がりパンデミックを巻き起こしている、「新型コロナウイルス感染症」についてのことも聞いてみたいと思います。私は、ある政府筋から、「現在のこの状態が収束するのはあと3年くらいかかる」という意見を聞いているのですが、いかがでしょうか?

また、このコロナウイルスが世界中で蔓延(まんえん)することが小説の中で予言されていたのをご存じですか?　今から約40年前の１９８１年にベストセラー作家、

＊ディーン・クーンツがアメリカで出版した『＊闇の眼（The Eyes of Darkness）』（光文社文庫）という小説があるのですが、その小説の中で「2020年に中国の武漢から、〝武漢400〟というウイルスが広がり、世界中でパンデミックが起きる」という記述があるのです。

もう少し詳しく説明すると、日本では1990年にこの小説の翻訳本が発売されましたが、当初は、「ウイルスは、ソ連からアメリカに持ち出された」ということになっていました。ところが、1996年に、著者自身が内容を改訂して、「中国・武漢から持ち出されたウイルス」という設定に変更されて復刊されていたのです。これについて何かご存じですか？　なぜ小説の中のことがこの現実の世界で起きているのか、ということについて私は疑問に思ったので、著者に連絡を取ってみたところ、「たまたま偶然だ」という返事が戻ってきたのですが、この件に関して、どのようにお考えですか？

＊ディーン・クーンツ

アメリカ人作家。ＳＦからホラー、ミステリー、サスペンスなどジャンルをミックスさせた手法が人気のベストセラー作家。小説家としての顔を持つだけではなく、詩の制作や児童向け書籍の執筆、映画の脚本なども手がける。

＊『闇の眼』

邦訳された初版本では、事件の舞台はソ連であり、撒かれたウイルスの名前も「ゴーリキー４００」となっているが、ヨーロッパで出版された時点では、舞台は中国に変更されており、武漢からウイルスが撒かれたことになっている。

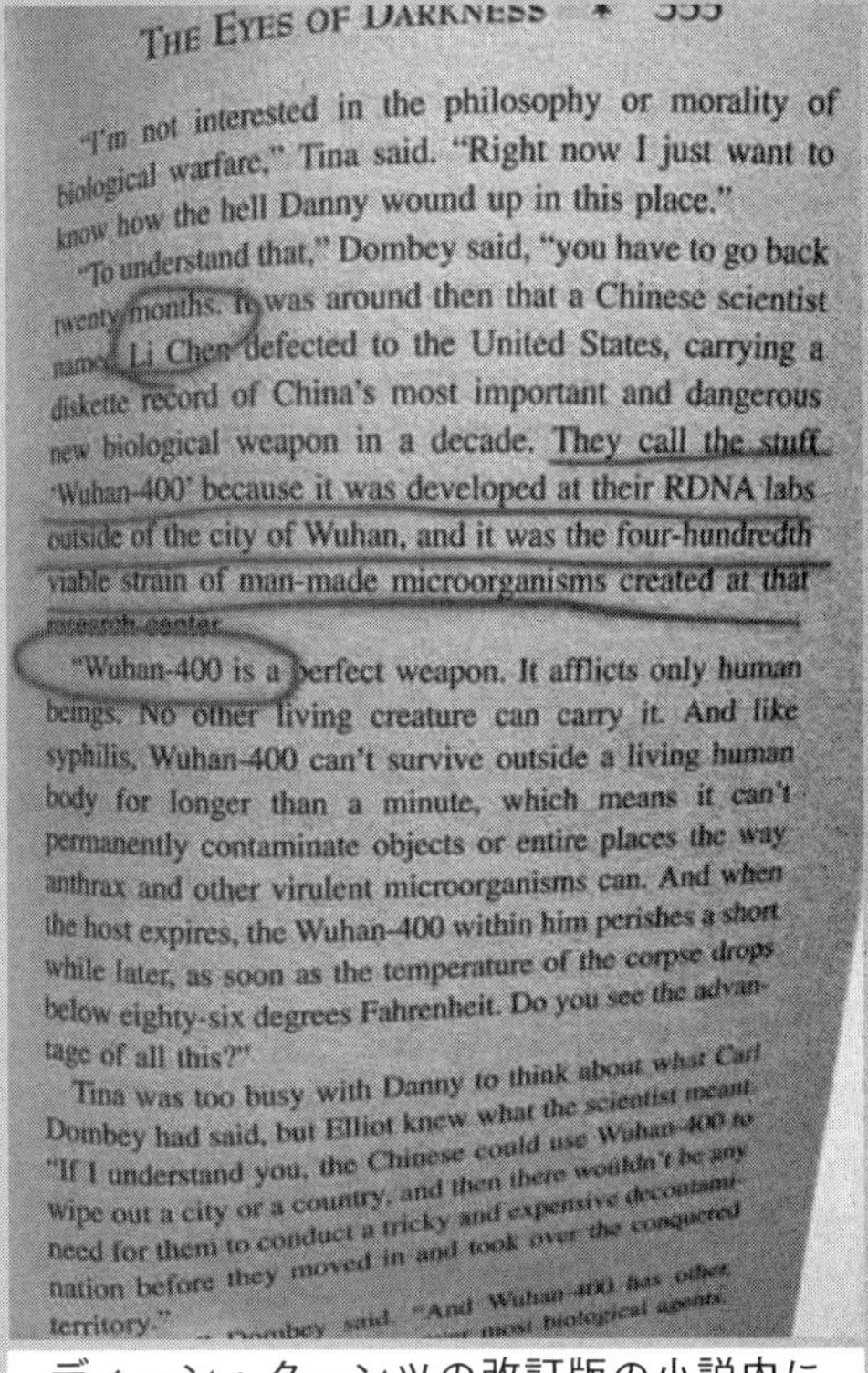

THE EYES OF DARKNESS ✦ 333

"I'm not interested in the philosophy or morality of biological warfare," Tina said. "Right now I just want to know how the hell Danny wound up in this place."

"To understand that," Dombey said, "you have to go back twenty months. It was around then that a Chinese scientist named Li Chen defected to the United States, carrying a diskette record of China's most important and dangerous new biological weapon in a decade. They call the stuff 'Wuhan-400' because it was developed at their RDNA labs outside of the city of Wuhan, and it was the four-hundredth viable strain of man-made microorganisms created at that research center.

"Wuhan-400 is a perfect weapon. It afflicts only human beings. No other living creature can carry it. And like syphilis, Wuhan-400 can't survive outside a living human body for longer than a minute, which means it can't permanently contaminate objects or entire places the way anthrax and other virulent microorganisms can. And when the host expires, the Wuhan-400 within him perishes a short while later, as soon as the temperature of the corpse drops below eighty-six degrees Fahrenheit. Do you see the advantage of all this?"

Tina was too busy with Danny to think about what Carl
Dombey had said, but Elliot knew what the scientist meant.
"If I understand you, the Chinese could use Wuhan-400 to
wipe out a city or a country, and then there wouldn't be any
need for them to conduct a tricky and expensive decontami-
nation before they moved in and took over the conquered
territory."
... Dombey said. "And Wuhan-400 has other ... most biological agents.

ディーン・クーンツの改訂版の小説内には、"武漢400"というウイルス兵器の記述がある。

ジョン　まず、その小説については、名前は聞いたことはありますが、読んだことはありません。でも、著者の返答にあるような偶然などでは決してないと思われます。もしかして、その小説を中国共産党の誰かが読んで、同じようなことを実行した可能性もありますね。また、こういった現象が起きるのは、まず、このような情報は現実の世界で起きる前にエーテル世界に存在しているのですが、それらがタイムラインを超えてこの現実で現象化した、という考え方もあり得ると思います。

たとえば、エンパス（共感力の強い人）など敏感な能力がある人は、エーテル次元にあるものを感知することができます。もしかして、この小説の作家にもそのような能力があったのかもしれません。このような現象については、前回のVol・1の本でもご紹介した「インディゴ・チルドレン」のケースも同じです。9・11が起きる前にアメリカの子どもたちが、事前に9・11が起きることを察知して絵に描いたり、両親や周囲の人にそのことを話したりしていた、という現象が多発していたケースですね。

高野　はい、そのエピソードは拝読しました。どちらにしても、小説の中のストーリーが本当に起きた、ということに関しては偶然ではない、と思われるわけですね。

ジョン　そう思いますよ。また、「このコロナの状況があと3年続く」という情報については、その政府筋の方がどなたかはわかりませんが、その情報がどこまで信頼できるかどうかについても不明だと思います。今後、日本では新たな政権が成立する可能性もありますからね。とにかく、コロナに対する私の見解は、「このパンデミックは、カバールと中国共産党によってアメリカ、そして全世界の経済システムをダウンさせる目的で行われたもの」ということです。すでにアメリカでは、武漢ウイルスを開発した罪に問われて、中国人を含むアメリカ人の科学者が数名逮捕されています。

高野　そのようですね。他にも、カナダの「病原体レベル４（病原体の中でも毒性や感染性が最強クラスにあたる）」を扱うウイルスの生物研究所に勤めていた中国人研究者も、その研究所からウイルスを盗み出したという罪で国外退去させられましたね。

ジョン　はい。このパンデミックを起こした罪に対する制裁は、裏ではきちんとはじまっています。

アメリカの大統領選挙の行方について

高野　そういえば今、アメリカの「ＦＤＡ（Food and Drug Administration：アメリカ食品医薬品局）」は、このコロナを予防するためのワクチン対策として、副作用の強いワクチンの導入や、効きそうもないワクチンの認可をしているようです。もともと、ＦＤＡはそこまで信用が置ける機関ではなかったのですが、ここ最近は、さらに信用できない組織になったような気がします。遺伝子組み換え種子の世界シェアの90％を持つグローバル企業、「モンサント社（現在はバイエル社に吸収）」とのつながりの関係などもあるのかもしれませんが、これは、どういうことなのでしょうか？

ジョン　基本的に、アメリカのＦＤＡは、大手の製薬会社の〝犬〟のような存在ですよ。それに、ＦＤＡだけでなく他の政府機関もすべて同じような状況で、グローバル企業に皆支配されていますからね。これまでも、大手の製薬会社は効きもしない薬をアメリカの国民に売りつけてきましたからね。でも、トランプ大統領になって初めて、これまで癒着のあった政府機関と大手企業間の人事を断ち切って一新したり、利害関係のある旧プロジェクトを一掃したりしたのです。だからこそ今、彼らはトランプを引きずり降ろそうとしているわけです。

高野　なるほど。今、大統領選が終わって、不正選挙の問題も発覚して混乱が続いていますが、この状況をどのように見ていますか？

ジョン　そうですね。個人的には、トランプの再選を願っています（対談時は2021年1月上旬）。

高野　そうなんですね。

ジョン　なぜなら、バイデン候補が大統領になる、ということは、アメリカが中国に乗っ取られることを意味するからです。現在、中国が粛々とアメリカを侵攻しつつありますが、そのための手段として、中国共産党はバイデンを大統領候補に立てて、アメリカを乗っ取ろうとしてきました。けれども、アメリカ軍と一部の情報機関が彼らの企み(たくら)に気づいて、この試みをなんとか覆そうとしているのです。今回の不正選挙について、もし、最高裁までがトランプを裏切るようなことがあれば、もはや、国家の安全保障問題にまで発展するでしょう。とにかく、裁判という形であれ他の形であれ、トランプには勝利してほしいのですが……。

高野　なるほど。実は、私の知っているある有名なサイキックが、「次のアメリカの大統領は任期が4年持たない」、と言っています。もっと説明すると、「アメリカの次期大統領は、着任しても4年の間に死亡するか、事故に巻き込まれるなどの理由で、任期期間中に命を落とす」、という予言です。そういう意味において、トランプは大丈夫でしょうか？　それに、彼は軍産複合体に立ち向かえるのでしょうか？

ジョン　その予言については、私はよくわかりません。でも、軍産複合体の件については、お答えできます。まず、現在のトランプは、米軍をしっかり自分の味方につけています。それは、トランプ政権だったこの4年間の動きを見ていればわかります。かつて、オバマが大統領だった時代には、米軍の組織は完全にカバールにより破壊されて腐敗し、いわゆる軍産複合体になっていました。何しろオバマは、中国共産党のエージェントでしたからね。しかし、トランプ政権になってからは、予算をかけて軍の組織を再構築したので、米軍は再び力を取り戻し、中国、ロシアも近寄れないほど世界一強い軍になったのです。

高野　それが本当なら、心強いのですが……。でも、すでにトランプも新政権への移行を認めていますよね？

ジョン　はい。トランプは「新政権への移行」には同意していますが、「バイデンへの移行」とは言ってはいないのです。

高野　なるほど（笑）。となると、トランプは、まだ抵抗しているのでしょうか。

ジョン　〝抵抗〟と言うより、自分から世界に対して誤解を招かせるようなそぶりを見せていますね。それに、アメリカでは民主党側も、そこまでバイデンのことを切望しているようにも見えません。

これからアメリカ、日本、中国はどうなる？

高野　そうなると、今後のアメリカ、日本、中国の3か国の関係はどうなっていくでしょうか。

ジョン　実は、私は一般の予想に反して、意外にも3か国の関係は上手くいくのではないかと思います。というのも、数日前にトランプ大統領は「中国共産党と闘う」とする新たな大統領令にサインをしたからです。これは、中国企業と関わるアメリカの国内企業に制裁を加えるというオーダーです。この時期に、このような大統領令を出すなんて、まもなく大統領を辞める男のやるようなことには見えません。

高野　そうですか……。とにかく、今後の行方が気になりますね。

ジョン　今、私たちは大きな変化のタイミングを迎えています。近い将来、アメリカで起きることを見て、きっと皆さんは驚きとともに、大きな衝撃を受けるはずです。

高野　そうなんですね！

ジョン　私が1つだけ確実に言えることは、たとえ大統領選がどのような結果になっても、それは今後の中国・中国共産党には良い結果にはならない、ということです。これだけは約束できます。

高野　わかりました。ところで、直近の話題になりますが、トランプ大統領が「DNI（Director of National Intelligence：米国国家情報長官）」に対して、

「ＵＡＰ（未確認航空現象）やＵＦＯ関連の情報を１８０日以内に議会に対して開示しなさい」、と指示したというニュースがありますが、これについては何かご存じですか？

ジョン　それは、デマの情報ですね。そうあってほしいと願う人は多いのですが、議会はこれに対して、「このニュースは法的に成立したものではない。フェイク・ニュースである」と答えています。

高野　でも、これは公文書として残っていますよね。３千数百ページもある膨大なレポートの中に、この一節が入っているのですが、いかがでしょうか。

ジョン　はい。でも、それは、議会におけるある１人の政治家のコメントにすぎず、それを施行する法的な裏付けはないのです。

高野　そうですか。わかりました。

あのスティーブン・グリア博士に脅された!?

高野　とにかく、ここ最近は、これまで表に出なかったようなさまざまな情報がディスクローズされるようになってきましたね。これは、いい傾向だと思います。ディスクローズと言えば、医師でUFO研究者のスティーブン・グリア博士のUFO関連の機密情報を公開するという「ディスクロージャー・プロジェクト」については、どう思われますか？

ジョン　彼とはVol・1の本でも紹介した「*アタカマ・プロジェクト」の活動で、ご一緒したことがあります。真実追求者でもある彼は、すばらしい活動をしていると思いますよ。かつて彼は、ロックフェラー財団のサポートを受けていたことがあるので、今でも彼のことを信用しない人もいますが、私はそうは思いません。それは、すでに過去のことですし、真実を探求しようとすると、誰だって何らかの形でグローバルな組織とは関わりを持つことになりますからね。

＊アタカマ・プロジェクト
2012年に南米チリがアメリカにヒューマノイド型のミイラをアタカマ砂漠で発見したことを情報提供してきたのと引き換えに、アメリカ側に莫大な金額を要求してくる。そこで、FBIはスティーブン・グリア博士に調査を依頼すると、人類と同じ種ではないことが確認できた。ところが、公式には「このミイラは人間の胎児である」というフェイク・サイエンスの結論で幕を閉じた。

高野　そうなのですね。実は、私は彼から過去に脅しを受けたことがあるんです。彼がまだディスクロージャー・プロジェクトをスタートする前の30年以上も前のことですが……。

ジョン　え？　そんなことがあったのですか？　それはどういう状況だったのでしょうか？

高野　アメリカ滞在中に、グリア博士から連絡があり、「ワシントンD.C.で会いたい」というので、現地へ行くことにしました。そして、指定されたホテルのロビーで待っていると、グリア博士が現れたので、その場で話をすることにしました。彼は、今後の自分の調査の計画などについて語ってくれた他、日本のUFO事情についても聞かれたので、質問に答えるなどしていました。そしていざ、話が終わり、帰り際にふと気づくと私の斜め後ろで、黒のコートと黒い帽子を被った男が同時に立ち上がるのがわかったのです。その男の顔はどこかで見たことがある顔でしたが、よくよく思い出すと、その黒づくめの男はなんと、レーガン大統領の元軍事顧問の男性だったのです。

どうやら彼は、私がホテルのロビーに着いた頃から、密かに近くで座って私とグリア博士の様子をうかがっていた様子でした。それは、私に対して、「今日聞いたことについては、他言してはならない。何が起こるかわかっているだろう?」というような脅しだったのです。当時はまだ、UFO関連の情報について、何か核心に迫ることを暴露したりすると、ただでは済まない、というのが常識でした。グリア博士は、その元軍事顧問の男性と一緒に組んで活動していましたからね。当時のグリア博士は、他にも怪しい動きをしていたようで、私は彼のことはなんとなく信用できないような感じだったのですが、彼は今では信用できるという感じですかね?

ジョン　そんなことがあったのですね……。グリア博士は、今は信用できる人だと思いますよ。

調和の取れた地球になるかどうかは、中国次第

高野　それなら、よかったです。

ジョン　それにしても高野さんは、これまで何度も脅されたりするなど、危険な目にあっていますね。大丈夫でしょうか（笑）。

高野　はい、今のところ大丈夫です（笑）。それに、今では私も僧侶ですからね。仏教には、「右手と左手はお互いにケンカをしない」という考え方があります。

これは、もしどちらかの手が怪我をしたら、反対の手が手当てして治してくれるからです。要するに、右手も左手も同じ人間のものだからです。私は、同じように地球上にあるすべてのものも、すべてがひとつのものとしてつながっていると思っています。ですから、「地球上には自分の敵はいない」、という考え方がこれからの時代には大切になってくるのではないかと思います。すべての人がこのことに気づけば、平和な時代が訪れると思うのですが……。

ジョン　その通りですね。そのためにも、まずは、中国共産党をなんとかしないといけませんけれどね。それが可能になれば、この地球には調和のとれた、より良い世界が訪れると思いますよ。

高野　これからの世界がどうなるかの鍵を握るのは、「赤い竜（＝中国）」次第ということですね。

ジョン　はい、その通りです。

9・11は事前に「フェニックス・メモ」で警告されていた

高野　先ほど、インディゴ・チルドレンの話が出ましたが、9・11に関しては、アメリカの人気作家であるトム・クランシーが、やはり9・11の起きる7年前に、まるで9・11の事件を予見するかのような小説を書いていたことも知られていますね。『日米開戦』という小説で、シチュエーションなどはまったく違いますが、「ハイジャックされた旅客機がアメリカの国会議事堂へ突っ込む」、という叙述がありました。ちなみに、インディゴ・チルドレンのようなケースは、FBIは事件の起きる前に何か対策を取ることはできなかったのでしょうか？

ジョン　事前の対策はできませんでした。子どもたちが9・11を事前に予見していたような情報は、事件が起きた後で、「そういえば、あの時……」と大人たちが気づいたからです。ただし、政府という組織とコネクションのある高野さんならご理解いただけると思いますが、実は、FBIは9・11が起きることを確実に事前に把握していたのです。

高野　それは、どのような形で把握されていたのですか？

ジョン　「9・11のような事件が起きると思われる」と警告した内容の資料や、さらには、9・11を防ぐための書類なども事前に作成されていたからです。その資料には、9・11を防ぐための方法がステップごとに書かれていたほどです。それは、あるFBIの捜査官が作成した「フェニックス・メモ」という資料で、中東出身者に対するテロ調査を行った結果をまとめた書類でした。この資料は、普通の人でもアクセスできるものです。ちなみに、この書類を作成したのは、私のＦＢＩ時代の師匠の１人でもある人で、真の捜査官とも言えるような素晴らしい人でした。彼の名前も調べればわかるはずです。彼は９・11のテロ計画を事前に察知して、私を含め他の捜査官たちに警告を出していたのです。

高野　そこまで警告があったのに何も手は打たなかったのでしょうか。

ジョン　もちろん、その書類はＦＢＩの本部に提出されましたが、Ｖｏｌ・１の本でもご紹介している、通称「スモーキングマン（ＦＢＩに出入りしながらジョンに指示を出していた謎の政府高官）」が、フェニックス・メモを発見すると、「こんな情報に注意を払う必要はない！」とその資料をビリビリと破ってゴミ箱に捨ててしまったのです。それ以降、この資料には誰も注意を払わなくなりました。

高野　なんと、そうだったんですね！

ジョン　このフェニックス・メモは、ネットで探せば出てきます。もちろん、重要なところは黒く塗りつぶされていますけれどもね。事件後に、この事件を解明・調査する「9・11委員会」が結成されましたが、委員会は、「結局はこのメモがあっても、事件を食い止めることはできなかったはず」と結論づけていました。これは、彼らが保身のために言い訳をしているだけにすぎませんが……。

高野　よくわかります。特に、政府や政府機関という巨大な組織になると、歯がゆいことに、そのようなこともしばしばありますね。

Chapter 4

日本はどこまでUFO事情を把握している?

キャトル・ミューティレーションが起きるとき、時間が止まる

高野　では、またここからＵＦＯ関連の質問に戻りたいのですがよろしいでしょうか。ジョンさんは、「*キャトル・ミューティレーション」という現象はご存じですよね。これは、「牧場の牛や馬の死体が内臓や血液を失った状態で見つかること」ですが、かつてこの現象がアメリカでは頻発していましたね。私の知るところによると、この現象に対してＦＢＩは、「死んだ動物は、他の動物に襲われたことによるもの。または、この現象はウイルスの仕業である」というふうに結論づけていたようなのですが、この件に関してはどう思われますか？　何か情報をお持ちですか？

ジョン　はい。ＦＢＩでもキャトル・ミューティレーションについては、長年にわたって多くのケースを扱ってきましたし、すでにたくさんのレポートも上がっています。ですので、今、高野さんがおっしゃった結論も、そのうちの１つだと思います。当たり前ですが、高野さんがご覧になったＦＢＩのレポートの結論は間違った分析ですね。このようなキャトル・ミューティレーションは、アメリカではモンタナ州、コロラド州、ユタ州などで頻発していて、これらには、ＦＢＩも捜査に加わっていたケースもあります。

たとえば、キャトル・ミューティレーションが起きたある牧場では、真相を探るために、その牧場のあちこちに監視カメラを設置したことがありました。そして、後でカメラに録画された映像を調べてみると、ある瞬間に光が閃光のように輝いたと思ったら、カメラには何も映っていないのに、その瞬間には牧場にいた、かなりの数の動物たちがミューティレーションされていた、というような事態が起きていました。

これはつまり、このような現象を起こしている存在は、何らかの形で時間を操作できる、ということを意味しているのです。要するに、その存在は、「時間を止めて、動物たちのミューティレーションを起こし、また時間を元に戻して自分たちの姿を消した」というわけです。ただし、ではＦＢＩの捜査官が本当に起きたことをそのまま本部に報告できるのかどうか、という問題があるのも事実です。このようなケースを報告できる勇気ある捜査官は、私以外にはいなかったのではないか、と思うのです。

高野　確かにそれは言えますね。超常現象は報告することさえためらわれる、というのもよくわかります。ちなみに、ＦＢＩの元捜査官でケネス・ロンメルという人がいるのですが、彼がキャトル・ミューティレーションについて提出した分厚いレポートがあります。彼はこの現象について、「捕食動物によるものである」と結論づけていますが、このケネス・ロンメルさんという方をご存じですか？　あと、これは個人的な見解ですよね？

ジョン　その捜査官のことは、存じ上げません。そして、おっしゃるように、その結論は彼の個人的な見解であり、事実とは間違ったものですね。ＦＢＩは常にこのように間違った結論を出しますからね。

高野　そうですか。あと、１９７９年4月25日に、アメリカの上院議員の*ハリソン・シュミッツに対して、同じように「キャトル・ミューティレーション」に関するレポートが報告されています。そのレポートには、「この現象は、ＵＦＯとエイリアンによるものである」と書かれています。このレポートには真実が書かれていると思うのですが、ＦＢＩはこの件はご存じですか？　もちろん、たくさんの報告が本部に届くと思うので、中には間違ったものもあるでしょうし、すべてが本部で処理されるものとは思いませんが……。

Alien Visitors may have the power to stop and start TIME. FBI also has made false conclusions on these. See Animal Mutilations at:

＊キャトル・ミューティレーション

アメリカでは1970年代に、牧場の家畜の目や性器などが切り取られて死亡している事件が多発。この現象が起きる際にUFOの目撃報告があることや、死体から血が抜き取られていたり、レーザーを使ったような跡があることから、人間ではなくエイリアンの仕業ではないかといわれていた。

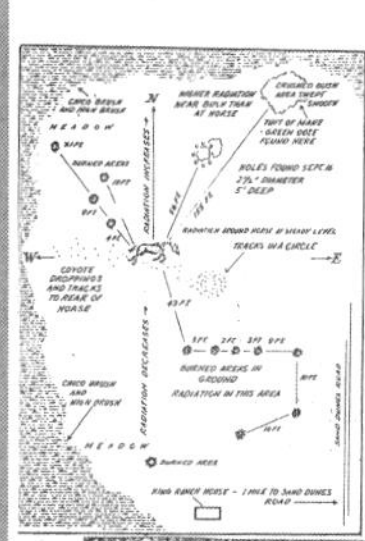

Enclosure # 2.

MUTILATION CLASSICS:

Time: Early September, 1967
Location: San Louis Valley, NE from Alamosa, Colorado, U.S.A.
Subject: carcass of a 3 years old Appaloosa horse, "Skippy"

Since the late 1960s, thousands of prime cattle have been found throughout the U.S.horribly mutilated, their genital organs excised with surg cal precision. In many instances, officials noted that ears, tongues, anuses, and udders were also surgically removed. Ranchers are literarily up-in-arms. Reports of these heinous atrocities have been coming in from almost every area of this country as well as abroad.

"Sharp-eyed, angry and armed ranchers and cattlemen have not been able to halt the ever-increasing number of mutilations! Law enforcement agencies have thus far been totally at a loss to find a single significant terrestrial clue!"Evidence POINTS TO U.F.O.s!(Eden Bulletin)

Pictures:(left) Official survey the location of Skippy's mutilation. (Below) The carcass.

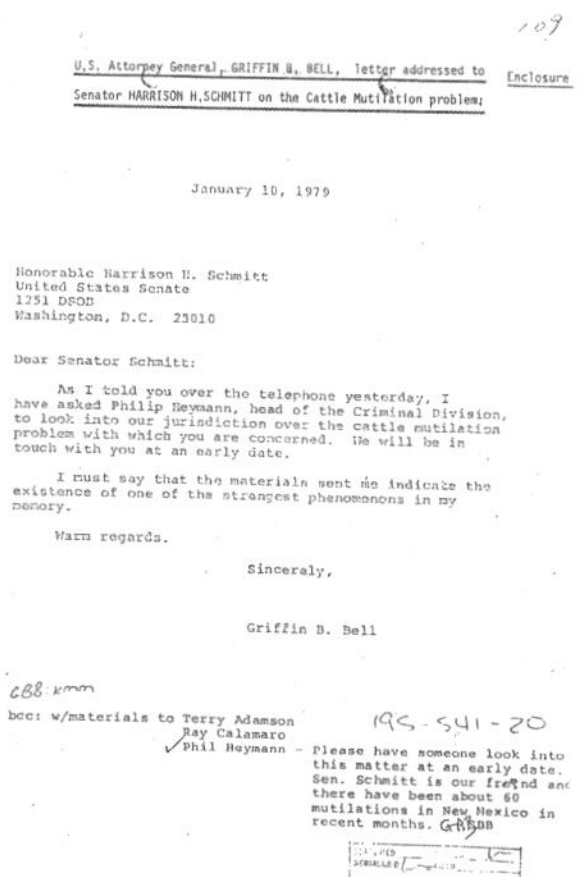

U.S. Attorney General, GRIFFIN B. BELL, letter addressed to Senator HARRISON H.SCHMITT on the Cattle Mutilation problem; Enclosure

January 10, 1979

Honorable Harrison H. Schmitt
United States Senate
1251 DSOB
Washington, D.C. 23010

Dear Senator Schmitt:

As I told you over the telephone yesterday, I have asked Philip Heymann, head of the Criminal Division, to look into our jurisdiction over the cattle mutilation problem with which you are concerned. We will be in touch with you at an early date.

I must say that the materials sent me indicate the existence of one of the strangest phenomenons in my memory.

Warm regards.

Sincerely,

Griffin B. Bell

CBB:kmm

bcc: w/materials to Terry Adamson
Ray Calamaro
Phil Heymann - Please have someone look into this matter at an early date. Sen. Schmitt is our friend and there have been about 60 mutilations in New Mexico in recent months. GBB

195-541-20

MAR 1 1979

CATTLE MUTILATIONS

FORREST S. PUTMAN, Special Agent in Charge (SAC), Albuquerque Office of the FBI, explained to the conference that the Justice Department had given the FBI authority to investigate those cattle mutilations which have occurred or might occur on Indian lands. He further explained that the Albuquerque FBI would look at such mutilations in connection with mutilations occurring off Indian lands for the purpose of comparison and control, especially where the same methods of operation are noted. SAC PUTMAN said that in order for this matter to be resolved, the facts surrounding such mutilations should be gathered and computerized.

District Attorney ELOY MARTINEZ, Santa Fe, New Mexico, told the conference that his judicial district had made application for a $50,000 Law Enforcement Assistance Administration (LEAA) Grant for the purpose of investigating the cattle mutilations. He explained that there is hope that with the funds from this grant, an investigative unit can be established for the sole purpose of resolving the mutilation problem. He said it is his view that such an investigative unit could serve as a headquarters for all law enforcement officials investigating the mutilations and, in particular, would serve as a repository for information developed in order that this information could be coordinated properly. He said such a unit would not only coordinate this information, but also handle submissions to a qualified lab for both evidence and photographs. Mr. MARTINEZ said a hearing will be held on April 24, 1979, for the purpose of determining whether this grant will be approved.

GABE VALDEZ, New Mexico State Police, Dulce, New Mexico, reported he has investigated the death of 90 cattle during the past three years, as well as six horses. Officer VALDEZ said he is convinced that the mutiliations of the animals have not been the work of predators because of the precise manner of the cuts.

Officer VALDEZ said he had investigated mutilations of several animals which had occurred on the ranch of MANUEL GOMEZ of Dulce, New Mexico.

MANUEL GOMEZ addressed the conference and explained he had lost six animals to unexplained deaths which were found in a mutilated condition within the last two years. Further, GOMEZ said that he and his family are experiencing fear and

CATTLE MUTILATIONS

DAVID PERKINS, Director of the Department of Research at Libre School in Farasita, Colorado, exhibited a map of the United States which contained hundreds of colored pins identifying mutilation sites. He commented that he had been making a systematic collection of data since 1975, and has never met a greater challenge. He said, "The only thing that makes sense about the mutilations is that they make no sense at all."

TOM ADAMS of Paris Texas, who has been independently examining mutilations for six years, said his investigation has shown that helicopters are almost always observed in the area of the mutiliations. He said that the helicopters do not have identifying markings and they fly at abnormal, unsafe, or illegal altitudes.

Dr. PETER VAN ARSDALE, Ph.D., Assistant Professor, Department of Anthropology, University of Denver, suggested that those investigating the cattle mutilations take a systematic approach and look at all types of evidence is discounting any of the propounded theories such as responsibility by extraterrestria visitors or Satanic cults.

RICHARD SIGISMUND, Social Scientist, Boulder, Colorado, presented an argument which advanced the theory that the cattle mutilations are possibly related to activity of UFOs. Numerous other persons made similar type presentations expounding on their theories regarding the possibility that the mutilations are the responsibility of extraterrestrial visitors, members of Satanic cults, or some unknown government agency.

Dr. RICHARD PRINE, Forensic Veterinarian, Los Alamos Scientific Laboratory (LASL), Los Alamos, New Mexico, discounted the possibility that the mutilations have been done by anything but predators. He said he had examined six carcasses and in his opinion predators were responsible for the mutiliation of all six.

＊シュミッツ上院議員に提出された資料

1979年にハリソン・シュミッツ上院議員に提出されたキャトル・ミューティレーションのレポート。かなり細かい分析と報告が書かれている。

FBIは科学で証明されるケースしか扱わない

ジョン　そうですね。まず、そもそもＦＢＩでは、科学で証明される枠を超えた現象についての捜査は許されていません。ただし、数少ない例外もあります。その1つがロズウェル事件です。どちらにしても、私が提出したＵＦＯや超常現象に関するレポートの多くは、本部では正式にファイルされずに突き返されてしまうものがほとんどでした。とにかく、説明のつかない不思議な現象に関しては「不確定」と結論づけるのがＦＢＩのやり方です。

高野　そうかもしれませんね。ところで、私も公開されているＦＢＩの資料をたくさん拝見してきましたが、ロズウェル事件の3年後、１９５０年にＦＢＩの捜査官のガイ・ホッテルという人が、ＦＢＩの長官宛てに出した報告書がありますね。そのレポートは、「第2のロズウェル事件」と呼ばれ、「ガイ・ホッテル文書」としても知られています。そのレポートには、「空軍の発する高出力のレーダーがＵＦＯの制御システムに干渉したせいで、ＵＦＯが墜落したのではないか」と報告されています。そして、「墜落したＵＦＯはライトパターソン空軍基地に運ばれた」という記述もあるので、ＦＢＩや政府の中には、このような情報も出回っていたのではないかと思いますが、いかがですか。

ジョン　実は、このガイ・ホッテル捜査官のレポートは、ＦＢＩでは捜査対象になったものではなく、長官宛てのよくある「連絡メモ」のような扱いものです。あえてＦＢＩは、この手の情報を扱わないのです。なぜかというと、もし、一旦、ＦＢＩが正式に扱えば、以降は空軍がすべてのＵＦＯ情報を逆にコントロールすることになってしまうからです。彼らにとってもオフィシャルにしたい情報、そうでない情報があるからです。ＦＢＩの長官としては、そうなってしまうのは避けたいところなのです。

高野　なるほど。そうかもしれませんね。

ジョン　ＦＢＩとしては、ＵＦＯが本当に実在するのかどうかは置いておいても、自分たちがすべてを仕切るために、逆にあえて正式な調査をしないのです。たとえば、「空軍のレーダーの出力がＵＦＯのシステムに干渉したかどうか」、ということも憶測であり信頼できる情報ではありません。従ってこのレポートも、ただ、「こんなことが起きた」「あんなことが起きた」というＦＢＩ内の連絡メモの１つにすぎませんでした。

40年前にアメリカ空軍から防衛省にUFO情報が報告されていた

高野　わかりました。では、ここで日本のUFO事情について少しお話ししたいと思います。実は、約40年前のことになりますが、日本の防衛省にもアメリカ空軍からUFO情報がもたらされていました。アメリカの空軍内部に、「OSI（Office of Special Investigation）」という特別調査部があり、その部署にいたアーネスト・ミヨジ・山田さんという日系2世の方が1979年に防衛省を訪問して、当時のアメリカのUFO事情についてのブリーフィングを行った際のメモが残っています。私は、このミーティングを録音したカセットテープをある人から聞かせてもらったことがあります。当然ですが、ミーティングで話されたことは、高度なクリアランス（機密情報へアクセスできる権利）がないと発表できないような機密性の高い内容でした。

ジョン　確実にそうでしょうね。

高野　この時に山田さんは、「マスコミにＵＦＯの墜落事件がバレてしまった」というような発言をしています。また、「ＣＩＡからの圧力で、これまで空軍ではＵＦＯ情報を収集することは許されていなかったが、今後は、空軍でも再びＵＦＯ関係の調査ができるようになった」という報告もしています。ＯＳＩのメンバーが日本の幕僚幹部を集めて嘘をつくとは思えないので、このミーティングでは本当のことが話されていたと思うのです。

ジョン　その報告にある「調査が再開できるようになった」というのは、ＵＦＯ全般に関してのことですか、それとも、ある特定の事件に限ってですか？

高野　「UFO全般に関して」の調査です。ご存じのように、1952年から69年にかけてアメリカ政府と空軍の間で行われていた「UFO調査報告書」である「ブルーブックプロジェクト」も当時は廃止になっていました。その頃は、アメリカ政府から空軍に対して、「UFO関連のことには、これ以上クビを突っ込むな」、という厳しい指令が下されていたのです。ところが、1979年になったら突然、「UFO関連の調査を再開してよろしい」、ということになったのです。なぜなら、「ニューメキシコでUFOの墜落があり、その事件が大衆にバレてしまったことが原因だから」、とのことでした。

ジョン　その墜落は、何という事件ですか？

高野　それが、いわゆるあのロズウェル事件のことだと思っています。

ジョン　ああ、そういうことですね！

高野　そして、そのミーティングでは、さらに面白いことが語られていました。それは、「シリンダーの中に入っている意識不明のエイリアンが研究対象にされている」、という情報です。その実験施設は、フロリダの「アメリカ東部宇宙ロケットセンター」があるケープカナベラルのミサイル発射場の近くにある、とのことでした。この情報についても、「将来、一般市民にこのような情報が漏れはじめると、大きな事件に発展するので、今のうちから関心を持っておきなさい」、という*報告でした。

＊1979年に防衛省に報告されたUFO情報

アメリカ空軍の「OSI（Office of Special Investigation)」という特別調査部から派遣された日系のアーネスト・ミヨジ・山田さんが防衛省で行ったアメリカのUFO事情についてのブリーフィング時のメモ。

ジョン　その情報は公開されてはいないのですか？　また、そのシリンダーにいたエイリアンの写真はありますか？

証拠品を奪うのはCIAの仕業？

高野　いいえ。パニックに対する対策ができていないので、その情報は公開されていません。また、写真もありませんが、当時、山田さんが会議で語ったテープだけは残っていました。ところが、そのテープもその後、あるとき突然、どういうわけか紛失してしまったのです。結局、その会議に出席していた防衛省の関係者の手書きのメモだけが残っています。

ジョン　その件については存じませんが、とても興味深いですね。私も現場レベルで捜査官として関わっているケースでは、入手した情報を奪われたことがあります。これはVol・1の本でもお話しした話ですが、かつて、ある軍事基地に拉致された時の話です。

アメリカでは、80年代に軍事基地周辺でUFOが目撃されるケースが頻発していました。そこである日、私とパートナーもある田舎の基地にUFO調査に乗り込むことになりました。そして、現地で調査を行い、実際にUFOも目撃するなどして資料を集めていたのです。ところが、ある日、接近してきた一基のUFOを目撃した後、黒服の男たちに捕まってしまい、私は基地に無理やり連行されてしまったのです。

基地では黒服の男たちに監禁状態にされて、「捜査している目的は？」「どんなUFOを見たのか」「UFOについて、何をどこまで知っているのか」などを厳しく問い詰められました。最終的には、私が現地で調査した資料などは、すべて彼らに没収されてしまいました。ようやく、翌日の朝に私は解放されましたが、それも、パートナーが必死で私を探してくれたおかげです。ＦＢＩの本部は何もしてくれませんでした。きっと、あの「スモーキングマン」の口添えがあったのではないかと思います。高野さんの先ほどのお話で、ＣＩＡから空軍へそのような指令があったということは、私を捕まえにきたのもＣＩＡだったのかもしれません。

高野　そうかもしれませんね。彼らならそんなひどいことも、やりかねないですね。

人類が「核兵器」を使わないように見張る良いエイリアン

高野　では次に、ここからは、日本のUFO関連の状況についてのお話をしてみたいと思います。「日本の政府におけるUFO情報の取り扱いはどうなっているのか」ということや、「日本はどのようにUFO情報を掌握しているのか」、などについてです。まず、基本的に日本は敗戦国ですので、連合国側が取り交わしていた諜報活動などの連絡通信網の中には日本は入っていませんでした。そんな日本が連合国側の情報にアクセスできるようになったのは、同盟国に加わった後、ようやく1970年代の後半になってからでしょうか。その頃から、防衛省なども連合国側だった国々の情報に初めてアクセスできるようになったのです。

ジョン　そうなのですね。

高野　はい。つまりそれまでは、UFOに関する正式な情報は日本政府の中にはまったく存在しなかったことになるのです。ところが、先ほどもご紹介した組織、ＯＳＩは、日本の領空で起きたＵＦＯ関連の情報を以前から保持していました。ＯＳＩの資料によると、日本の領空内では毎年のように米軍基地や自衛隊を巻き込んで、いろいろなＵＦＯ関連の事件が起きていたのです。

ジョン　ほう、それはどのような事件でしょうか？

高野　たとえば、北海道の上空で起きた事件ですが、ある航空輸送機にＵＦＯがつきまとっていて、そのＵＦＯは伸び縮みしていた、というようなケースがあります。また、ある航空機が１か月の間に２度もＵＦＯに追いかけられるというようなケースもありました。さらには、１９７２年に沖縄の米軍の嘉手納基地から、〝ある重要なもの〟を軍用機で輸送するはずの予定が、ＵＦＯが現れたことで輸送できなくなった、という報告書もあります。実は、その重要なものこそが核兵器だったのです。この時には、その核兵器を輸送するのを止めざるを得なくなったそうです。

ジョン　それはすごい話ですね。結局、その輸送機は引き返したのですか？

高野　はい、嘉手納基地に引き返すことになったそうです。この時は、「UFOが核爆弾を他のところに移すな！」と言わんばかりに邪魔をしてきた、ということです。当然ですが、この輸送は極秘で行われていたので、いつ何時にどの輸送機でどこへ運ぶ、というのはトップシークレットだったのですが、UFO側にはすべてわかっていたわけです。これについては、2回も邪魔をされたそうです。

ジョン　その輸送機は、日本のものですか？

高野　いいえ。嘉手納基地なので、アメリカ空軍の輸送機ですね。実は、こうした核兵器の輸送や核のミサイルの運用がUFOの干渉によりできなくなった、という事件は他にもあります。旧ソ連の関係者からも似たような話を聞いたことがあります。

ジョン　同じようなことは、アメリカでもありますね。実は、我が国でも同様にミサイルや核兵器、核装置などの輸送を邪魔されることがよく起きていました。たとえば、１９８０年のことですが、イギリスにあるアメリカ軍の空軍基地に極秘で核兵器が保管されていたのですが、突然そこにＵＦＯが飛来してきて７日間も滞在し、核兵器を使えないようにした、というケースがあります。他にも、似たようなことがたくさん起きています。

高野　他には、日本の原子力発電所にもＵＦＯが現れてラップ現象のようなものを起こした、という出来事もあります。このような核兵器とＵＦＯの干渉の関係については、どのようにお考えですか？

ジョン　なぜ、ＵＦＯが核を保有している場所にやってくるのでしょうか？　その答えは、彼らの行いを見れば明らかです。まず、その場所にやってくるＵＦＯとエイリアンは、人類をサポートし助けようとしている良いエイリアンたちです。つまり、人類のために核兵器を使わせまいとしているわけです。2018年の出来事ですが、北朝鮮がハワイに核ミサイルを発射した、というニュースが突然流れて、ハワイの人たちがあわててシェルターに隠れようとした事件がありました。

高野　はい。そんなことがありましたね。

ジョン　実は、この事件の真相は、カバールとCIAが西海岸沖からハワイに対してミサイルを発射したのではないか、といわれています。ただし、この時も、ミサイルが一番高い位置に来た瞬間に、突然ミサイルが消えたのです。それも、爆発や閃光などもなく、ただ忽然(こつぜん)とある瞬間にミサイルが空中で消滅したのです。これも、良いエイリアンたちが行ったことだと思います。

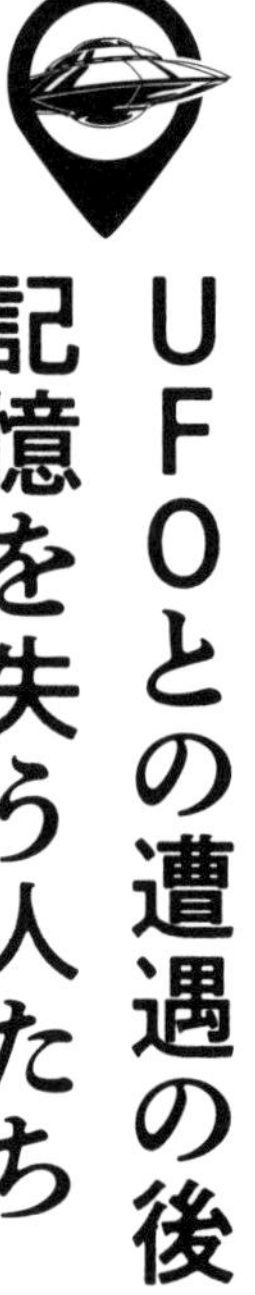

ＵＦＯとの遭遇の後、記憶を失う人たち

高野　なるほど。そうだったんですね。他にも、私の友人が体験したこんな不思議なエピソードもあります。日本は原子力発電所が未だに稼働しているのですが、そのために、フランスから日本に核燃料棒を船で輸送しています。その際には、必ず護衛艦が出動することになっています。私の友人は、その護衛艦の副艦長なのですが、彼の乗っていた護衛艦がベトナム沖を航海中に海底から出現した巨大なＵＦＯに船全体を持ち上げられた、というのです。この時、船のエンジンはすべて止まったそうですが、その後、持ち上げられた船はゆっくりと降ろされると、海の中からＵＦＯがものすごいスピードで空へと飛び出していった、という姿を乗組員全員が目撃したそうです。

ジョン　それはすごい話ですね！

高野　そうなのです。でも、不思議なことに、その一部始終を目撃していたはずの船員たちの記憶は、しばらくすると徐々に消えてしまったそうです。でも、私の友人の副艦長とヘリコプターの機関士だけは、この時の記憶ははっきり残っていたそうです。この事件からも、エイリアンの核に対する強い関心がうかがわれますね。この一件からは、「原子力発電所で使う核燃料棒を運ぶことも、我々はちゃんと監視しているんだよ」と言わんばかりに彼らが観察していた、ということがわかります。

ジョン　それは、とてもユニークなケースですね。それに、記憶が薄れていく、というのもよくわかります。私にも同じような体験があります。ＦＢＩ時代にエイリアン・テクノロジーを入手して、それを運ぶ最中に、その出来事は起きたのです。実はそれは、ボイド・ブッシュマン博士に頼まれたミッションでした。ある日、彼から、「あるモノをＮＹからワシントンＤ.Ｃ.のＦＢＩのラボに届けてほしい」との依頼があったので、数人の捜査官たちと共にその任務を遂行することにしました。

そのモノとはシリンダーの中に入ったあるモノで、液体部分がインクで染まっているので何が入っているのかが認識できませんが、重さは軽いものでした。ブッシュマン博士いわく、それは「エイリアンの遺物であり、世界の歴史を変えるモノ」とのことでした。とにかく、「世界一貴重なモノだ」と言われてしまったので、どうやって密かに、そして安全にそれを運ぶべきか悩みました。結局、あえて大げさにせず、証拠品を入れるために使う、よくある段ボール箱を使うことにしたのです。そして、いざというときのために、そのモノを入れた箱だけでなく、他の幾つかの段ボール箱も一緒に運ぶことにしました。そして、車でＤ.Ｃ.に向かったのです。

すると、高速を運転中に、突然、どこからともなくやってきたキャデラックが私たちの前につくと、黒づくめの＊ＭＩＢだとおぼしき男たちが車から私たちを引きずり降ろしました。私たちは、なぜだか夢遊病者のようになって無抵抗で何もできません。そして彼らは、荷台を開けると、たくさんの段ボール箱があるのに、一切中身の確認もせずに、そのモノが入っている箱だけをさっと手に取ると、私たちをハイウェイの端に置き去りにして、走り去っていったのです。

＊ＭＩＢ（メン・イン・ブラック）
ＵＦＯやエイリアンに遭遇した人の元に、どこからともなくやってくる黒づくめの極秘エージェント。遭遇者たちのＵＦＯ体験の記憶を消したりする能力なども持つ。

この時、私を除く他の皆は、記憶が無くなってしまったのですが、私はすべてをメモに残していたのでこのことを覚えていました。結局、私たちはＦＢＩの本部に到着するのが大幅に遅れただけでなく、届けるモノを紛失したので本部に電話を入れたのです。しかし、面白いことに、なんと本部で待っていた人たちの記憶も無くなっていたのです。彼らは、こんなふうに関係者すべての記憶を消すこともできるし、また、身体を麻痺させるような力も持っているわけですね。

高野　面白いですね。Ｖｏｌ・１の本にも、「エイリアン・テクノロジーを手にすると、ＭＩＢがどこからともなく現れる」、とありましたね。

ジョン　そうなのです。またその時、ＦＢＩに電話をする直前に、あのスモーキングマンが私に連絡をしてきて、「大丈夫だよ。彼ら（ＭＩＢたち）は私のために働いているから。本部からは怒られないから、もう、帰りなさい」と連絡をしてきました。後日、彼に会うと、彼は実際にそのモノを手に入れていたようで、「ボイド・ブッシュマンが世界の歴史を変えるわけにはいかないんだよ」と私に語りました。

高野　すごい話ですね。そのシリンダーの中身が何であったのか、気になりますね。

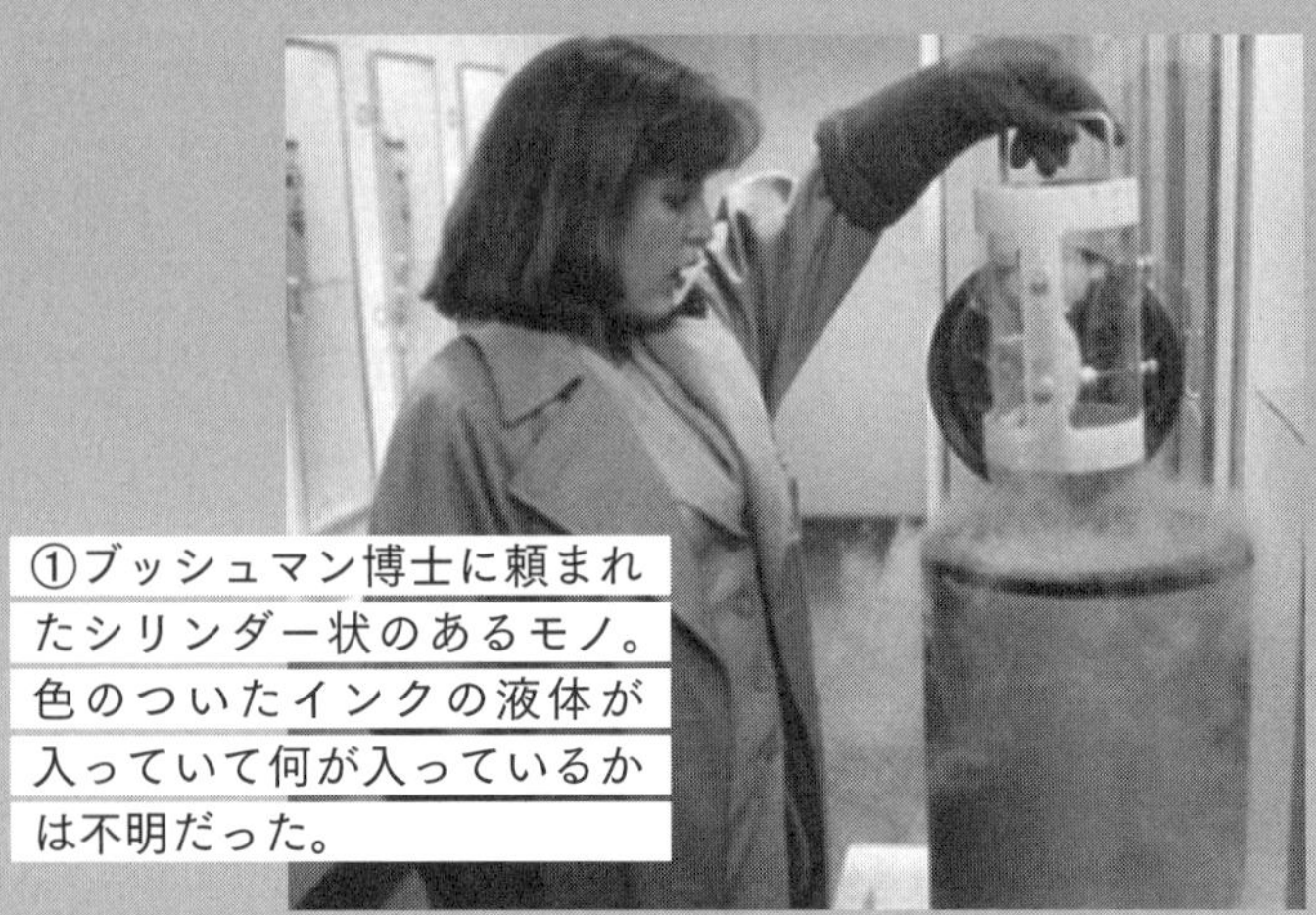

①ブッシュマン博士に頼まれたシリンダー状のあるモノ。色のついたインクの液体が入っていて何が入っているかは不明だった。

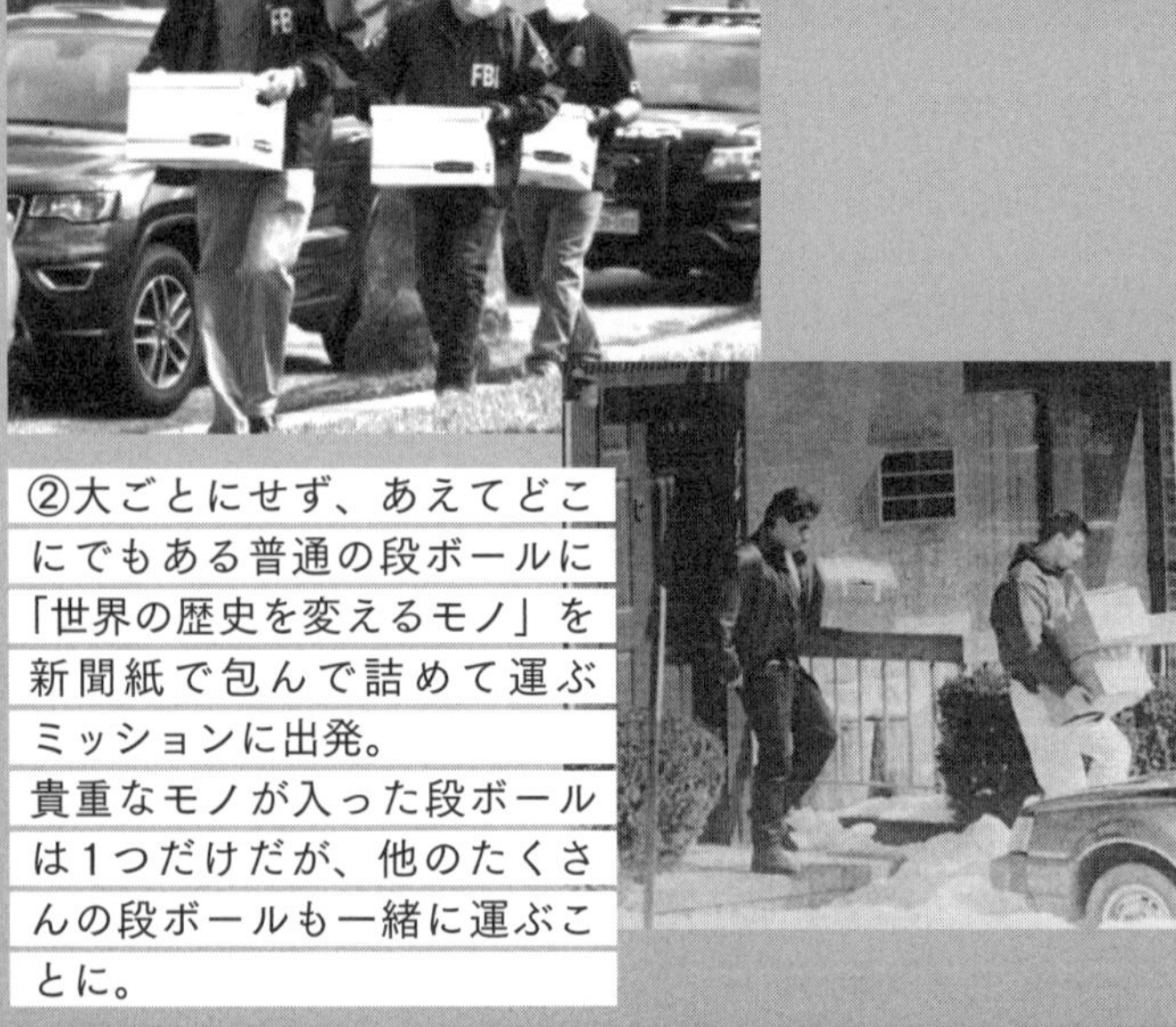

②大ごとにせず、あえてどこにでもある普通の段ボールに「世界の歴史を変えるモノ」を新聞紙で包んで詰めて運ぶミッションに出発。
貴重なモノが入った段ボールは1つだけだが、他のたくさんの段ボールも一緒に運ぶことに。

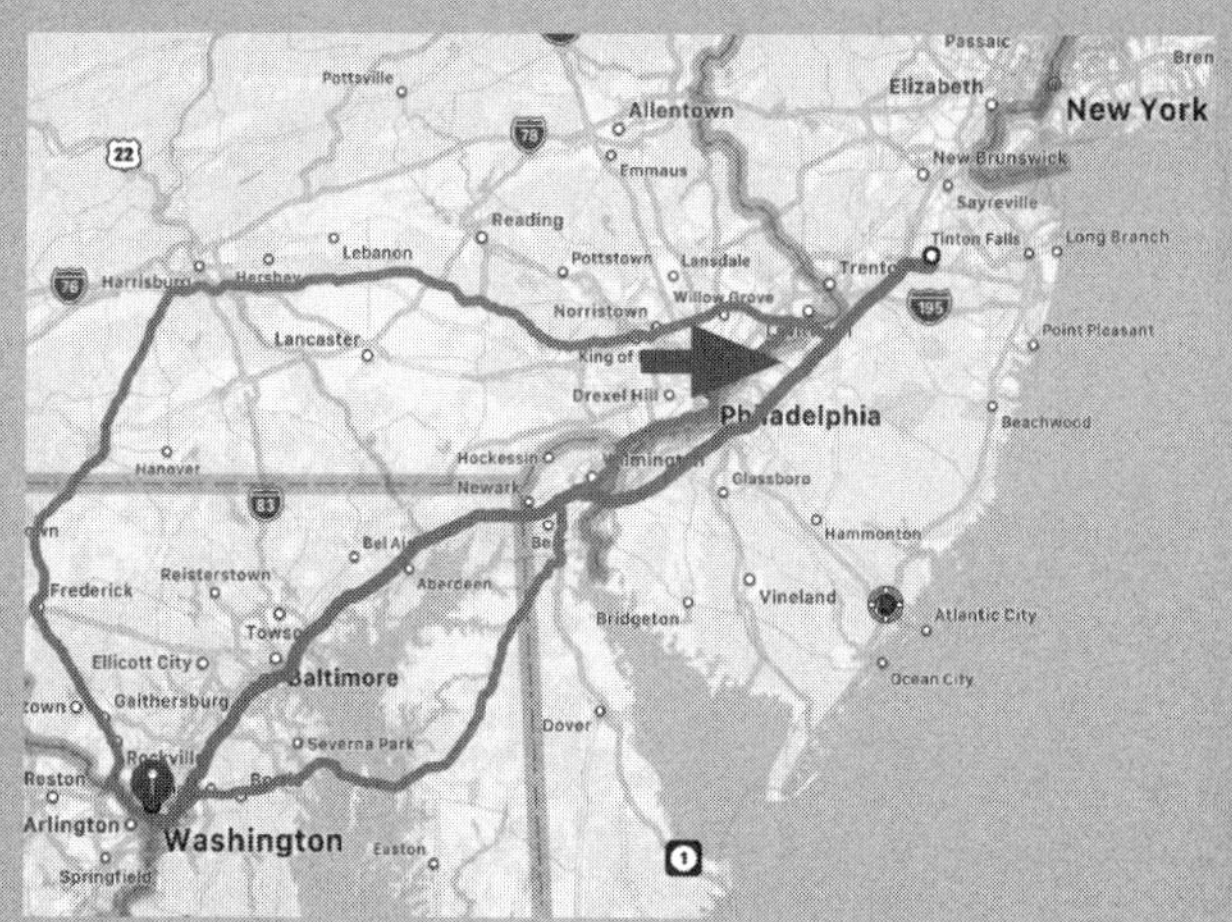

③車でワシントンD.C.に向かって輸送中に、フリーウェイでキャデラックに乗ったMIBたちに襲われてモノを盗まれる。

④結局、そのモノは「世界の歴史を変えるわけにはいかない」とスモーキングマンに回収される。

エイリアン・テクノロジーで作った、敵の動きが手に取るようにわかる装置

高野　そういえば、エイリアン・テクノロジーについては、こんなエピソードもあります。日本の防衛省の元基地司令官で、やはり私の知人であり信頼もできる人なのですが、彼が日米合同の訓練中に次のような体験をしました。

訓練中のある日、彼はアメリカの空母に招かれる機会があったそうです。その空母では、大統領でさえ許可なしでは入れないという特別な部屋があるそうですが、その部屋に彼は入れてもらえたそうです。そして、そこで彼が見せられ

たものは、現在の地球上にはないテクノロジーが搭載されたある装置だったそうです。それは、透き通ったドーム状の装置で、そのケースの中では、中国共産党の戦闘機が今、どういう動きをしているか、また、北朝鮮がどのような動きをしているのか、などがビジュアルで確認できるようなマシーンだったそうです。要するにそれは、敵の隠れた動きが手にとるようにわかるような装置だったのです。

そして彼は、「これはエイリアン・テクノロジーで作った装置だ」、との説明を受けたそうです。面白いのですが、こんな感じでエイリアン・テクノロジーを入手している側は、そのことを秘密にするというよりも、あえて一部の人にはわざと見せたりしているような気がします。他にも日本の政府高官や自衛隊の関係者も同じような体験があるのですが、一部の選ばれた人がこういった技術を見せられるということについて、どう思いますか？

ジョン　そうですね。一部の人だけが見せられているということについてですが、その人たちは、事前にすべてをスキャンされて、その上で選ばれた人たちだと思います。つまり、オープンマインドでこの種のことを信じられる人、という人だけが選ばれているのだと思います。

高野　なるほど。でも、アメリカ政府や軍としては、本来ならこのようなことは秘密にしておきたいわけですよね。それなのに、特定の人間だけに見せる、というのはどういうことでしょうか？　情報を公開することによって巻き起こる、民衆のパニックなどを制御できる術などはないと思うのですが……。

ジョン　まず、軍の関係者が一部の人だけにそれらの情報を公開するという件について、彼らは上層部からの指示・命令に従っているだけです。そのことが後でパニックにつながるかどうか、などの心配は一切していないでしょう。

高野　そうなのですね、わかりました。とにかく今の時代は、ありとあらゆる情報があふれすぎていて、フェイクな情報も多く、その中から本当の真実を見つけていくことは難しい時代になってきているのは確かです。では、どうやって真実を見つけていけばいいのかとなると、ジョンさんがアブダクション未遂事件で身につけた霊聴能力ではないですが、自分にとっての〝大いなる声〟に従うのが一番ですね。

ジョン　はい。まさに、その通りですね。

高野　情報があふれている時代だからこそ、私たちは、自分の心の声に従って行動していくべきですね。

Chapter 5 ディスクロージャーを迎えるとき、日本が世界のモデルになる!?

カバールのルーツはバビロニアの時代にあり

高野　ではここで、改めての質問になるのですが、カバールとは一体どのような存在ですか？　国境や人種を超えた存在ですか？　秘密結社のように組織に入る、入らない、みたいなものですか？　また、カバールの起源は、世界史の中でいつ頃からはじまったのでしょうか？

ジョン　はい、おっしゃるようにカバールとは人種と国境を超えた組織であり、いくつかの血統から成る存在です。また同時に、秘密結社のような組織でもあると言えるでしょう。その起源は、紀元前19世紀頃からオリエント地方ではじまったバビロニア帝国の時代に端を発すると言えるでしょう。歴史的には、初めて

「政治」と「軍隊」が民衆の上に権力を持つようになった時期です。当時の国家神だったマルドゥクは、太陽神・英雄神でありながら、同時にルシファー、いわゆる悪魔的存在でもあり、キリスト誕生前の約千年間にわたってバビロニアの国を統治してきたのです。

高野　当時の神は、悪魔的存在でもあったのですね？

ジョン　はい。さらには、彼らの帝国は、金（きん）を崇（あが）め奉っていたことから、「黄金王国」とも呼ばれています。この時代から、現在のカバールの13の血統のルーツは世界中に散らばり、以降、世界史の中でありとあらゆる国家を支配してきました。そんな彼らこそ、歴史上においてはエジプトでピラミッドを建造した存在であり、また、第一次世界大戦、第二次世界大戦など戦争の発端にもなった存在たちでもあるのです。現在では銀行家として経済力で世界を支配していま す。13のファミリーにはロックフェラー家、アスター家、ロスチャイルド家、中国ならドラゴンファミリー（李家）などがいます。彼らは、途方もない繁殖力で世界中にどんどん家族を増やしながら、権力も広げてきたのです。

高野　なるほど。でも、そんな世界中に散らばり権力を持つカバールですが、「もう地球はあと数十年しかもたない」、という説もあります。つまり、環境破壊から起きる食料不足やエネルギー、資源の観点から見た場合、10年後の2030年くらいには、地球があと3つくらいは必要だともいわれています。そうなってくると、カバールたちも生きていけないのではないかと思うのですがいかがでしょうか？

また、今の時代は機密情報などもリークされたり、どんどん開示されるようになってきたりしていますね。そうなると、今後はカバールたちのコントロールも利かなくなってくるのではないでしょうか。彼らの方も、これまでのように世界を思うがままに支配できないのではないですか？

「地球温暖化」や「資源不足」はカバールのプロパガンダ

ジョン　そうですね。まず、将来的に地球の資源は足りなくなってくる、また、人口過多で食料不足になるのではないかという説については、私はその心配はないと思っています。今後、さらに各分野のテクノロジーも進化することで、人類はその恩恵を受けながら、きちんとサバイバルしていけると思います。実際に、これまでもそうでしたからね。「将来は食料不足になる」「地球は資源不足になる」というような情報を流布するのがまさにカバールの戦略です。不安や恐怖をあおる方が私たちをコントロールしやすいですからね。

同様に、「フリーエネルギーは存在しない」「自然治癒はないので、私たちが売る薬を買いなさい」、というのも彼らのプロパガンダです。ですから、地球上の資源や食料が不足することで、カバールたちの支配力が低下するのでは、ということは、まずありえないと思います。もちろん、もし、私たちが彼らの所有している資源をすべて取り上げれば、彼らの支配力はなくなってしまうでしょうけれど。

高野　そうですか。地球が将来的に問題なく存続できるのなら、もちろん、そうあってほしいですけれどね。

ジョン　はい、きっと大丈夫です。ただし、本来なら、すでにフリーエネルギーも自由に使えていたはずなのです。ご存じのように、１９３０年代には、あのニコラ・テスラがすでにフリーエネルギーを発明し、その供給方法も明らかにしていました。けれども、カバールやエジソン、そしてＦＢＩまでもが束になってテスラの研究を破壊し、テスラを殺したのです。彼の技術さえあれば、今頃私たちは、すでにフリーエネルギーを手にして、より良い生活ができたはずです。当時の権力者の1人でもあったエジソンは、カバールのメンバーでもあったのですよ。

とにかく、カバールはあらゆる分野でプロパガンダを発信しています。地球温暖化、気候変動を流布するのも、すべて彼らが人類を管理するための戦略です。人類の支配こそが彼らの究極の目的ですからね。そして、この計画についても悪いエイリアンたちと結託して事を進めています。レプティリアン系エイリアンとカバール側の人間が握手をしている有名な写真も残っていますよね。

*1954年に二者の間で交わされた条約の合意とは、「これよりカバール側は定期的に、人間の身体をあなた方に捧げます。でも、その交換条件として、エイリアン・テクノロジーを提供してください」というものです。

＊1954年の「グリアダ条約」

レプティリアン系エイリアンとアイゼンハワー大統領との間で交わされた合意といわれているが、実際には、エイリアン側とカバールとの間で交わされたものといわれている。人間の身体とエイリアン・テクノロジーを交換する、という合意がこの時なされた。

そして、実際にこの合意がなされて以降、アメリカやヨーロッパなどの西洋世界では、行方不明者が大幅に増えはじめたのです。まるで、その合意を遂行しているかのように。たとえば、FBIの調査と統計によれば、アメリカでは毎年、3万5千人が行方不明になっています。そのどれもが、ただ忽然と消える人たちであり、家出をしたとか、殺人などの事件に巻き込まれたという形跡はないのです。そんな行方不明者たちは、エイリアンにアブダクトされたかもしれないのです。

一方でエイリアン側も、ロズウェル事件などを通して、エイリアンの死体や生きたエイリアン、また、彼らのテクノロジーやさまざまなアイテムなどをカバール側に提供してきました。そして、彼らから得た数々のテクノロジーは国家間の紛争などに使われてきましたが、その1つが*9・11にも使われたものです。

＊9・11に使用されたエイリアン・テクノロジー

2001年の9・11で使用されたのは、「ブルービーム・テクノロジー」という空中などに大きなスケールでホログラムを映し出せるテクノロジー。貿易センタービルの倒壊は実際にはビル内からの爆発によるもので、空から突撃したように見える航空機の映像はホログラムだったといわれている。

地球が宇宙時代を迎えるときには、日本の明治維新を見習え⁉

高野　なるほど。私は将来的には、「今後、人類はどのようにエイリアンと対峙していくか」、という問題が出てくると思います。そんなときに参考になるのが、幕末から明治維新を迎えた頃の日本の状況ではないかと思うのです。というのも、今の世相は、その頃の日本の状況と酷似しているのです。当時の日本は、それまで実権を握ってきた幕府側と、新しい時代を築こうとする倒幕派の間で内乱が起きていました。ちょうどそんなタイミングを見計らったように、イギリスのフリーメイソンの関係者が、討幕派であった薩長同盟に近代的な概念を植え付け、彼らに大砲やライフルなどの武器を売りつけました。そして、それが討幕運動につながり、やがて、日本は世界に向けて開国していったのです。現在の地球は、日本のその時代の状況に似ているのです。

ジョン　なるほど。そういうことですね。

高野　これに関して、1968年に「NSA（国家安全保障局）」が「人類の生き残りとUFO問題について」というタイトルの資料を作成しています。その資料には、「我々人類が生き残っていくためには、明治維新の時期の日本人を見習うべきである。日本人が行った当時のやり方を模倣するしかない」と結論づけています。つまり、「未来の地球が宇宙時代を迎えたときに、人類がエイリアンとどう向き合いながらサバイバルしていくか、という課題のヒントは、日本人がその鍵を握っている」ということでもあるのです。だから、今後も起きてくるUFO問題への向き合い方やUFO問題の解決には、ぜひ、日本人が中心にやっていければ、と思っているのですが（笑）。

ジョン　それは素晴らしい考え方ですね！　いいと思いますよ。ただし、気をつけなければならないのは、そのNSAが作成した資料は、いわゆる「現代科学のみを信じている人」、もしくは「スピリチュアルな観点からは物事を捉えられない人」によって分析され作成された書類であるということです。宇宙には、良いエイリアンも悪いエイリアンも存在しています。ですから、まずはそこから見分ける必要があります。

高野　なるほどですね。

ジョン　そして、それを見分けるためには、サイエンスの視点ではなく、スピリチュアルな視点が必要になってくるのです。ここの部分がクリアできてこそ、私たちは自分たちの身を守ることができるのです。それに、「地球を宇宙に対して開いていく」といっても「どの宇宙に対して開くのか」、ということも重要なポイントです。やはり、地球や人類の味方になってサポートしてくれるエイリアンでないとだめなのです。

高野　確かにそうですね。でも、そういう意味では、私は僧侶なのできちんと見分けることができるかと思いますよ。

ジョン　それなら安心です（笑）。でも、私が懸念しているのは、ＮＳＡ側のそのような考え方ですね。

日本人の伝統的な知恵を世界と共有する

高野　そうですね。でも今後、日本人が世界に対してモデルになれることはあると思うのです。たとえば日本は、世界で唯一の被爆国として、過去に2度、広島と長崎に原爆を落とされた経験をしています。3・11の福島の件も含めれば、合計3回も被爆している国なのです。しかし、日本人はこれらの体験を通して、多くの教訓や学びを発見してきました。

ジョン　それは、どのようなものですか?

高野　たとえば、その1つに、日本の味噌が持つ放射性物質のデトックス効果があります。戦後、GHQの支配下で検閲がかけられて出版停止になったある雑誌がありました。その雑誌には、医師の秋月辰一郎さんという方が書いたある記事があり、それは、長崎の被爆地から近いエリアにいた病院の全員が助かっている、という内容でした。近所の他の人々は、全員被爆して亡くなっているのに彼らだけが助かったのです。他にも、広島でも爆心地から近い場所にいたある兄妹2人だけが無事だった、というケースがありました。さらには、ビキニ環礁で行われた核実験の際にも、付近の海にいた日本の船舶である福竜丸の乗組員にも助かった人がいる、という事実があったのです。

ジョン　サバイバルできた秘密は何だったのでしょうか?

高野　これらの助かった人すべてに共通していたのは、彼らが全員、日常的に味噌を食べていたということです。驚くことに、彼らには異常が見つからず、何の後遺症もありませんでした。つまり、味噌には放射性物質を体外に排出するデトックス効果があったのです。そこで、その内容を秋月先生が取りまとめて、ある雑誌に出版しようとしたら、GHQがその雑誌を発売禁止にしてしまったのです……。こんなふうに、日本の伝統的な食事や食材の中には被爆を防いだり、また、健康を増進できたりするものがある、という知識や情報なども、今の時代なら、もう世界に向けて公開していくべきだと思っています。

ジョン　大賛成ですね。そのような役立つ情報を人類皆が共有するのは大事なことだと思います。これまでカバールが提供してきたフェイク・サイエンスは人々を奴隷化し、束縛するものでしたから。そのような本物の、人々に必要とされる情報を提供していくべきですね。

高野　はい、ぜひそうしていきたいです。今こそ、本当に人類が必要とする情報がディスクローズされる時代になっていると思います。そういう意味では、今後もジョンさんとはぜひ連携を取り合いながら、情報を共有し合えればいいなと思っています。

ジョン　喜んで。ぜひ、そうしていきましょう。

Chapter
6
未来の
宇宙時代に向けて、
地球人として
必要なこと

ディスクロージャーは良いエイリアン、悪いエイリアンによる2タイプが起きる

高野　いわゆるUFOやエイリアンに関するディスクロージャーはどうでしょう？ディスクロージャーの日は近づいていますか？

ジョン　個人的には、ディスクロージャーの日は近づいているとは思えないですね。何しろカバールは、人類が良いエイリアンとコンタクトをすることだけは妨げた

いと思っていますから。でも今後、ディスクロージャーが行われるのなら、2種類の違うタイプのものが起きるでしょう。まず1つは、良いエイリアンによるものです。この場合は、国のリーダーや政府関係者などに対してのコンタクトが行われるのではなく、一般民衆に対して直接ディスクロージャーが行われるでしょう。それがいつ、どのような形で行われるのか、ということまではわかりません。

もう1つのディスクロージャーは、カバールと悪いエイリアンが組んで行うニセモノのディスクロージャーです。これは「エイリアンが地球を侵略する」、というようなシナリオで行われるはずで、彼らはこのための準備もすでに行っているようです。いわゆる「TICTAC（ティックタック）」の一件なども、この作戦の一部ですね。この件では、アメリカ政府が「未確認飛行物体であることを正式に認めた」という表明だったわけですから。

ちなみに、昨年の9月には日本の防衛省がアメリカとUFO関連の情報共有をするという「アクション・プラン」を発表しましたが、これは結局、「TICTAC」の一件を受けての動きなのです。つまりこれも、私たちの心理を操作する計画なのです。彼らは、フェイクを演出した事件に続いて、このようなプランを発表しているわけなので。ということで、今後、もしディスクロージャーが起きた場合、2種類のディスクロージャーのうち、それはどちらのものなのか、ということを自分自身の眼で見極めないといけません。

高野　そうですね。フェイクな情報に惑わされないような視点を持つことが大切ですね。私は学生時代に防衛大臣の秘書をバイトでやっていたことがあるので、そのような政府の事情はそれなりによくわかっているつもりです。でも、どちらにしても、ディスクロージャーが起きると、社会が混乱すると思うのですがいかがでしょうか？

ジョン　そうですね。でも今後は、政府などの中央政権的な力が弱くなり、一般市民が自立して、自分たちで自らの社会を統治する、というような世の中が訪れると私は思っています。

高野　なるほど。古い秩序が崩れて、新しい秩序が生まれるわけですね。かつて私は、国連に呼ばれて「人類の未来とＵＦＯ」という非公開の会議に出たことがありますが、そこで危惧されていたのは、「情報が開示されることによって起きる混乱などに対して、世界の秩序をどう保てばいいのか」という課題でした。となると、個人レベルで解決できるような問題ではないと思うのですがいかがですか？

ジョン　そうですね。でも私は、ディスクロージャーによりパニックが起きる、というよりも、もし、それがフェイクなディスクロージャーではないものなら、さまざまな新たな技術が公開されることで、人々の生活は、より向上していくと思うのです。たとえば、フリーエネルギーや、すぐにヒーリングが起きるような「メッド・ベッド」と呼ばれる医療機器など。だから、そんなに心配はしていません。

高野　そうですか。ジョンさんはなかなか楽観的な人ですね（笑）。

ジョン　はい、私は楽観主義です（笑）。

高野　とにかく、本物かつ、真実のＵＦＯ関連の情報を伝えるネットワークを共に構築していきたいですね。ジョンさんには、私の入手する情報もぜひお送りしていきたいと思っています。

ジョン　賛成です。これからは、まさに国と国とを超えたネットワークが必要ですね。

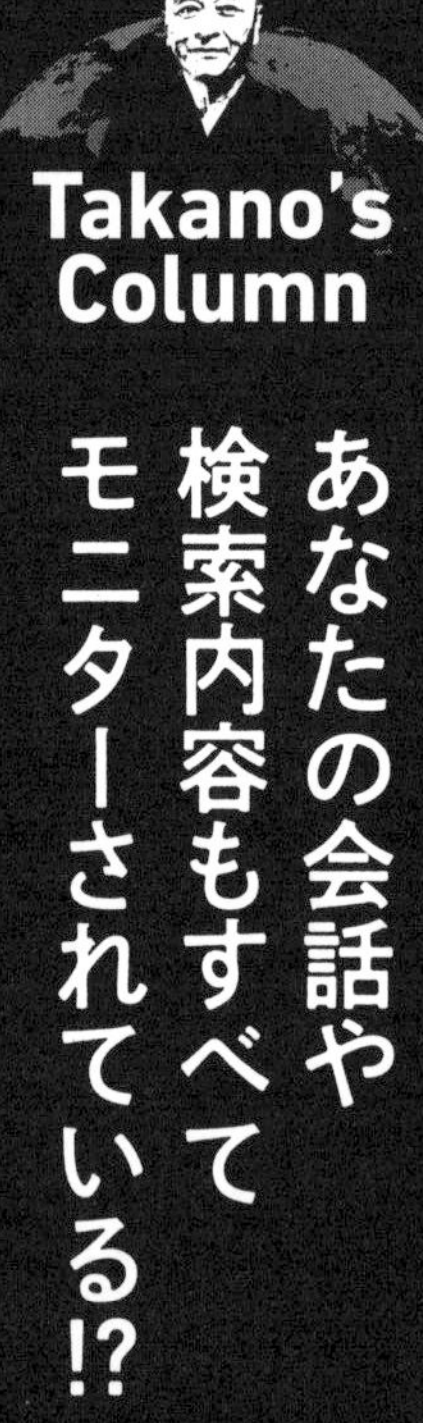

あなたの会話や検索内容もすべてモニターされている!?

日常生活における何気ない会話などが盗聴されている。

もはや、そんな話だって、海外のスパイ映画の世界だけではありません。

実は、すでにこの日本においても、ましてや、平凡な暮らしをしている〝普通の人々〟に対しても、そのようなことが行われているのです。


それを行っているのが、「エシュロン（ECHELON）」というシステムです。

これは、アメリカの「NSA（米国家安全保障局）」が開発して管理している軍

事目的の通信傍受システムであり、アメリカが行う「シギント情報（通信・電磁波・信号等を傍受する諜報活動）」を収集する活動の一部のことです。

このシステムを簡単に説明するなら、たとえば、あなたがパソコンで何気なく、「UFO」という文字を検索するために打っただけで、「どこの誰がその文字を打ったのか」などに関してのことがすべてモニターされている、というシステムなのです。

これはパソコンやタブレット、スマホなどによる検索だけでなく、携帯・スマホにおける電話の会話においても同様です。

要するに、あなたがある特定の単語を音声で発しただけで、それがシステム上〝対象になっている単語〟なら、すべてモニターされてしまうのです。

特に、ネット上で暗号化された通信内容でも傍受と分析が可能であり、それらはデータ化され、集積されています。

その能力は、1分間に300万通信を傍受できるともいわれています。

日本では、青森県にある航空自衛隊の三沢基地のすぐ側にこのシステムの巨大な施設がありますが、次ページの写真は、私が三沢基地上空から撮影した1枚です。

世の中では、「プライバシーの尊重」や「個人情報の保護」の重要さがより強く訴えられている一方で、実は、密かに個人の行動や発言が、このような形でモニターされているのだということも、この世界におけるまぎれもない、もう1つの事実なのです。

三沢基地の近くに存在する
エシュロンの施設

中国共産党が世界のリーダーを買収している

高野　ところで今後、「中国共産党（Chinese Communist Party：CCP）」は、どのような動きをしていくかわかりますか?

ジョン　今後の中国の動きですね。まず、中国と中国共産党は地球最大の悪者であるカバールに次いで、2番目の悪者的な存在だと言えるでしょう。カバールと中国共産党は結託してさまざまな行動を起こしていますが、そんな彼らの悪事を止めるには、今後、日本が大きな役割を果たすと思います。なぜかというと、日本は長い歴史の中で、近隣諸国である中国と常に向かい合ってきたわけですから、きっと、中国の動きを食い止めるヒントが日本の人なら見つかるはずだと思っています。

高野　そうだといいのですが……。

ジョン　また現在、中国はアジアを支配するだけでなく、西洋世界をも手中に収め、実権を握ることを狙っています。増え続ける中国の人口問題を解決するには、彼らは自分たちの領土をどんどん拡大していくしかないわけで、そのための計画も進んでいます。今後、彼らは自国内で人口増加を抑制するために何らかの形で災害を起こすはずですが、おそらく、核兵器を使い人口削減を試みるかもしれません。中国国内で核を使用すると、中国からは恐るべき数の難民たちが世界中にあふれ出していくはずです。特に、彼らはアメリカに難民としてやってくるでしょう。これも彼らの計画の１つです。

また、現在彼らが行っているのは、世界各国のリーダーに手を伸ばして、リーダーを買収することです。その中には、日本やアメリカのリーダーも含まれています。アメリカにおいても、上院・下院議員たちに対してお金を積んだり脅迫したりしながら、自分たちの下に従えようとしています。最終的に、彼らは大統領までを自分たちの下でコントロールしようとしていますが、それを今、必死で一部のアメリカ人たちが止めようとしているわけです。なんとかストップできると思うのですが……。

高野　まさにそれが今回の大統領選で起こったことですね。そういえば昨年の11月に、中国はインドに対して、国境を巡る対立でマイクロ波の兵器を使いましたね。これは、アメリカの技術を盗んでいるのではないかと思いますが、いかがですか？

ジョン　そうかもしれませんね。彼らならやりかねませんね。これまで他の技術も盗んだりしていますから。

高野　それに、アメリカが開発したステルス戦闘機の「ラプター（F－22）」にそっくりな戦闘機を中国も作ったようですが。

ジョン　きっとそれも、アメリカのコピーを作っているでしょう。そのためにも、大金を使って政府機関や上院・下院の議員たちを買収していますからね。

高野　なるほど。ちなみに、中国の人民解放軍が超能力を持つ子どもたちを訓練して、彼らの力を軍事戦略に活用しようとしているみたいですが、これは、旧ソ連も同じことをやっていました。これについて、アメリカでは、このような計画への対策などは立てていますか？

ジョン　何もしていませんね。私も長年、これに関しては、何か対策を立てるべきだと思ってきました。

高野　一部の資料によれば、アメリカでは、こういったことに対する研究はされていたようですが、その研究や調査も終わったということのでしょうか？

ジョン　はい。研究があったとしても、終わったか、中断されたか、もしくは、うやむやになったと思います。

高野　そうなんですね。実は、日本もかつて第二次大戦中に超能力のある人を軍事戦略に活用していたようです。アメリカでは、このような感じで超能力者を軍事などに使うことはないのですか？

ジョン　今のところ、私の知る限りはそのような計画はないように思います。

未来の世界の救世主はネパールから現れる⁉

高野　わかりました。ところで今後、世界の精神的なリーダーは、仏教徒の中から現れるといわれています。将来的に、世界の救世主になるであろうといわれているあるネパール人の仏教徒の若い僧侶がいるのですが、その彼は今、中国共産党の圧力により、ネパール国内で幽閉されています。その彼が表に出てくるのは、２０３２年から33年頃だといわれています。

そして、その彼を傍らで支えているのが日本の僧侶なのです。その人こそ、私の大先輩にあたる寺沢潤世（じゅんせい）さんという僧侶です。彼は、「無抵抗主義」という考え方を世界中に伝え、平和を訴えるために、世界の紛争地を歩いている方です。これまでも彼は、チェチェン紛争を止めたり、バグダッドでも爆弾が雨のように降る危険な中を、平和を唱えて行進をしたりするなど、すごい体験をされてきました。将来は、そんな彼らが、中国の危険な動きを止める防波堤のような働きをしてくれるのではないかと思っています。

世界の歴史を振り返ると、1つの時代が変わるときに起きる大きな変革は、必ず中央ではなく地方からはじまっています。だから近い将来、そんな世界の片隅から大きな変化が起きることもあり得るわけです。私たちは一人ひとりだと力は足りませんが、大勢が集まって同じ志で変革を起こしていけば、世界にも大きな影響を与えられるのではないかと考えています。

ジョン　素晴らしいですね。おっしゃる通りです。私も数年前に中国の北京と上海に行く機会がありました。それは、中国政府とプライベートなグループからの招待を受けて、中国初のUFO会議に出席する旅でした。そのツアーには私の他に、アイゼンハワー元大統領のひ孫にあたり、占星術師、宇宙神話学者であるローラ・アイゼンハワーと、宇宙政治学者のマイケル・サラ博士を含めた３人が招待を受けました。中国は国家としては最悪ですが、そこで出会った現地の人々は中国共産党の党員たちとは違って、とてもいい人たちばかりでしたよ。彼らは、ただ自由を求めている人たちでしたからね。だから、そんな彼らなら、変化を喜んで受け入れるだろうし、私たちもそのサポートをしてあげるべきだと思っています。

高野　本当にそうですね。国家と国民の一人ひとりは、また違いますからね。それでは、そろそろ最後に読者へのメッセージをお願いいたします。

今こそ、サイエンスとスピリチュアルのギャップを埋める時

ジョン　はい。先ほど、将来的には、2通りのディスクロージャーが行われるだろうと言いましたが、ディスクロージャーを受け止める私たちの方も準備が必要です。それは、サイエンスを信じる人、スピリチュアルな考え方を信じる人、という2者の間のギャップを埋めていく、ということです。地球が宇宙時代を迎える前には、両者がお互いにそれぞれの考えを尊重し合い、理解をし合う必要があります。今はまだ、サイエンスを信じる人はスピリチュアルな考え方を受け入れられないし、その反対もまたしかりです。ディスクロージャーにはニセ

モノもあるかもしれません。だから今のこの時期にこそ、サイエンスを信じる人とスピリチュアルを信じる人が1つにまとまる必要があるのです。

高野　その意見に完全に同意します。そういう意味において、科学と宗教など異なる分野のものを1つに融合させるのが上手いのが日本人だと思っています。日本人の宗教観として、日本には昔から神道がありましたが、そこに中国から来た仏教の思想も取り入れて、この2つを融合させた「神仏習合」の考え方を自然に受け入れてきました。実は、このようなことができる民族は世界の歴史を見ても他に見つからないのです。日本人は、神と仏を融合する力があるのです。

たとえば、西欧では、同じキリスト教でもカソリックとプロテスタントがいがみ合っているし、中東ではイスラム教のスンニ派とシーア派が殺し合いをしているわけです。でも日本なら、異宗教を取り入れて、自分の家族にすることもできます。こんなふうに、柔軟性のある日本人なら、サイエンスとスピリチュアルの間の溝を埋めることもできるのではないかと思っています。

ジョン　そうかもしれませんね。知り合いの歴史家も、「日本人は、世界一適応能力が高い」と言っています。日本人は、他国の哲学や思想を自分たちの中に取り入れて、それをさらに良いものにしていく、ということができるのです。これは世界の他のどんな民族にもない能力ですね。一方で、アメリカ人はこのような融合は、とても苦手です。サイエンスを信じる派とスピリチュアルを信じる派は決して融合できません。私も見ていてイライラするほどですよ（笑）。こういった問題に関しては、リーダーシップも必要になってくるでしょうね。

高野　そうですね。おっしゃるようにサイエンスとスピリチュアルの融合は必要ですね。また、それに加えて、東洋思想と西洋思想の融合、つまり、それぞれの良いところを取り入れて融合したものも人類全体に対して、新しい思想・哲学として提案できるといいですね。というのも、今の時代は、技術革新の進化だけが進みすぎて、思想・哲学がそれに追いついていない気がするからです。

ジョン　確かにそうですね。

高野　でも、今の時代は、目に見えない世界と見える世界を融合しようとする医師なども出てきています。たとえば、私の知り合いですが、亡くなった人と会話ができる助教授の人もいたりします。彼は自分の使命は、「目に見える世界と見えない世界をつなぐこと。科学と宗教の融合をすること」だと語っています。そんな人が増えてくるのを見ていると、私は未来に希望が持てるのです。ぜひ、サイエンスとスピリチュアルが融合する新しい社会をつくるためにも、共に2人で協力していきましょう。

ジョン　ぜひ、喜んで。一緒にやっていきましょう。

高野　今日は、いろいろなお話ができてとても充実した時間でした。

ジョン　こちらこそ。専門的なお話もできて、とても有意義な時間を過ごすことができました。

高野　ありがとうございました！

ジョン　こちらこそ、ありがとうございました！

おわりに

今、〝宇宙維新〟が近づいています。

かつての日本が黒船の来航によって鎖国を解き、世界に向けて開国をして歴史を変えたように、近未来の地球もまた、これから地球外の高度な生命体の来訪によって、地球規模による大変革が起きていくはずです。

そして、地球が変化を遂げていく、ということは、宇宙レベルにおける維新も起きていくのです。

当然ですが、宇宙維新における黒船とは、私たち地球人にとってはＵＦＯのことを意味しています。

でも実は、そんな宇宙維新における黒船ことＵＦＯは、すでに本書で幾つものケースを挙げてご紹介したように、ずっと前から地球に飛来してきてはいたのです。

私の手元にあるアメリカ空軍士官学校で使われていた教科書には、「今から5万年以上前から、すでに彼らは地球にやってきている」とか、「少なくとも3、4種類の異なったグループのエイリアンが、すでに地球に飛来してきている」というような内容が掲載されています。

しかしながら、一般大衆に対しては、各国の政府機関は未だに、「ＵＦＯは実在しない」「安全保障を脅かすものではない」「地球以外の文明の証拠はない」などと公式見解を発表しているのが現状です。

ネット社会になり情報があふれる今、私たちがＵＦＯやエイリアンに対する見識を広げ、知識を深めつつある一方で、このような事実を隠蔽（いんぺい）する現状が根深くあるのも、また事実なのです。

これぞまさに、第二次世界大戦中の日本の「大本営発表（戦時中の戦況についての公式発表で、戦況が悪化しても虚偽の発表がなされた）」のようなものではないでしょうか。

要するに、国家や政府は、都合の悪いことは国民には一切発表しない、ということなのです。

さて、元ＦＢＩ捜査官のジョンさんとの対談は、いかがでしたでしょうか。

読者の中には、私たち２人が話した数々のエピソードについて、「常識からかけ離れている」と一蹴する人がいるかもしれません。

それでも今回の対談では、ジョンさんも私もお互いの立場で持ち得るトップシークレットで、かつ、真実の情報を、まさに〝ディスクローズ〟したつもりです。

中には、私とジョンさんの２人の意見や見解の相違がある部分もまた、答えのないテーマや未知の世界を探っていく上では、ある意味、健全であり正しいと言えるでしょう。

ただし、対談の中で1点、「将来的に地球の資源が不足するのではないか」というテーマに関して、ジョンさんは「心配はいらない」とおっしゃっていましたが、私はこの点に関してだけは懸念を覚えています。

将来、地球という星が気候変動により砂漠化し、食料が採れなくなってしまうかもしれません。

そのために、地球に人類が住めなくなるまでの分岐点（ティッピングポイント）が、あと10年ほどに迫ってきている、という説もあります。

UFOやエイリアンに関する情報が決してオープンにならないように、このような情報についても、警鐘を鳴らすメディアも数少ないのです。

人類全体に及ぼす不都合な事実は、ここでも隠されているのです。

地球がこれから宇宙に向けて〝開国（開宙と呼ぶのかもしれませんが）〟し、確実に宇宙維新時代を迎えるためにも、私たちは、この地球を守っていかなければなりません。

その上で、対談中もお伝えしたように、私は日本、そして日本人が宇宙維新へ向けての鍵を握っていると信じています。

「NSA（米国家安全保障局）」が1968年に認めた「人類の生き残り問題とUFO」の草案に記載してある「我々が生き残るには、日本民族が示した前例を参考にすべきだ」という一文は、今でも私の心の奥深くに刻まれています。

今後、宇宙維新が近づくにつれて、さまざまなUFO関連の問題が多方面から起きてくるはずです。

それらに世界中が直面したとき、私たち日本人がリーダーとなり、世界に向けてスムーズに宇宙維新をナビゲートできるようになっておきたいものです。

そのためにも、今からもっとUFO関連の情報に触れつつ親しんでおく、と

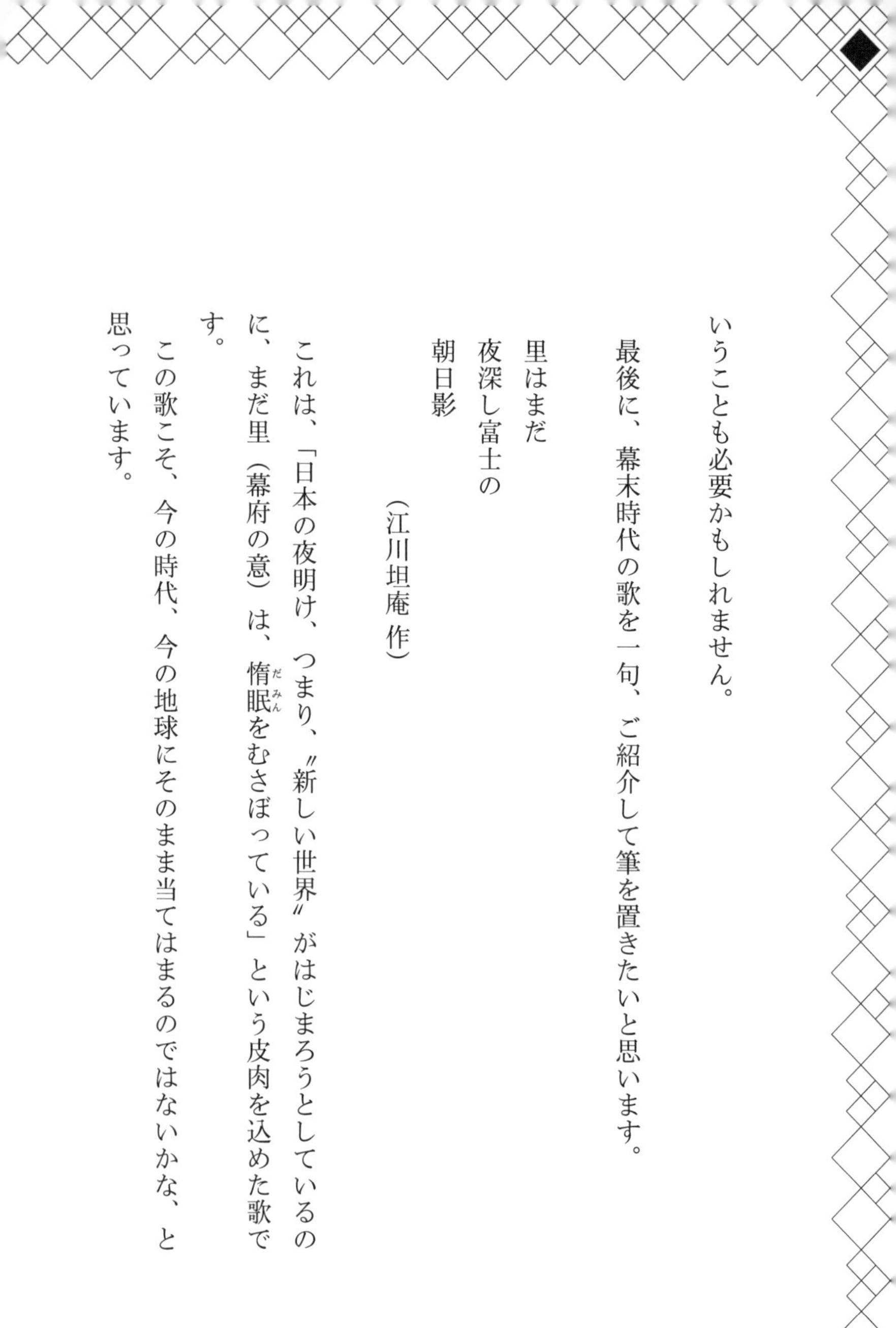

いうことも必要かもしれません。

最後に、幕末時代の歌を一句、ご紹介して筆を置きたいと思います。

里はまだ
夜深し富士の
朝日影
（江川坦庵 作）

これは、「日本の夜明け、つまり、〃新しい世界〃がはじまろうとしているのに、まだ里（幕府の意）は、惰眠(だみん)をむさぼっている」という皮肉を込めた歌です。

この歌こそ、今の時代、今の地球にそのまま当てはまるのではないかな、と思っています。

すでに、地球の宇宙への新しい夜明けは、はじまっています。

本書が、読者の皆さんにとって、宇宙維新時代を迎えるための考え方の一助になれば幸甚です。

高野誠鮮

ジョン・デソーザ

John DeSouza

元FBI特別捜査官、作家、プレゼンター。FBI史上、最年少の23歳でFBIにスカウトされて以降、1988年から2013年まで20年以上にわたり特別捜査官として、超常現象やテロ事件、凶悪殺人事件などの捜査を行う。FBI時代には、最も優れた捜査官に授与される「ベスト・エージェント賞」なども受賞。アメリカで大ヒットしたTVドラマシリーズ『X-ファイル(The X-Files)』の主人公、FBI捜査官フォックス・モルダー役のモデルになる。現在は、FBI時代に引き続き、超常現象をはじめUFO関連の現象などのリサーチを行いながら、世の中の人々に真実を執筆活動や講演会、セミナーなどを通して伝えている。本国アメリカでは著書、『The Extra-Dimensionals』がヒット。

https://www.youtube.com/c/JohnDeSouzamedia

https://www.facebook.com/johnxdesouza

https://www.johntamabooks.com/

https://twitter.com/johnxdesouza

https://www.amazon.com/-/e/B00QWG7NCE

高野 誠鮮

Johsen Takano

1955年石川県羽咋市生まれ。科学ジャーナリスト、UFO番組の構成などを手掛けた後に石川県に戻り公務員となり、UFOで町づくりを開始し、米ソの科学者や宇宙飛行士を招いて国際シンポジウムを開催したり、NASAから機材を100年無償貸与させたり、ロシア宇宙局から使用したボストーク帰還カプセルを納入させたり、公立宇宙科学博物館(Cosmo Isle Hakui)の建設に尽力した。また、過疎化が進む山間部の神子原地区という集落を、ローマ教皇に米を献上することによって立て直し、限界集落をよみがえらせた"スーパー公務員"といわれTBSドラマ「ナポレオンの村」でのモデルとなった。

現在、日蓮宗本證山妙法寺　第四十一世住職でもあり、総務省地域力創造アドバイザーも務める。元立正大学客員教授、新潟経営大学特別客員教授も務めた。

ディスクロージャーへ、宇宙維新がはじまる！
元FBI特別捜査官ジョン・デソーザ×高野誠鮮
＝あの『X-ファイル』の主人公と語る最高機密ファイル Vol.2＝

2021年4月15日　第1版第1刷発行
2021年4月15日　第1版第3刷発行

著　者　　ジョン・デソーザ（John DeSouza）
　　　　　高野誠鮮（Johsen Takano）

編　集　　西元 啓子
通　訳　　鏡見 沙椰
校　閲　　野崎 清春
デザイン　小山 悠太

発行者　　大森 浩司
発行所　　株式会社 ヴォイス　出版事業部
〒106-0031
東京都港区西麻布3-24-17 広瀬ビル
☎ 03-5474-5777（代表）
☎ 03-3408-7473（編集）
📠 03-5411-1939
www.voice-inc.co.jp

印刷・製本　株式会社　シナノパブリッシングプレス

ISBN978-4-89976-516-5